JN103459

「VRoid Studio」ではじめる
カンタン！
3Dアバター制作
―「VRChat」でも使える「3Dアバター」を自分で作ろう―

# はじめに

本書を手に取っていただき、ありがとうございます。

この本は、私が運営しているサイト「しぐにゃもブログ」から、VRoid関連の記事を抜き出してまとめたものです。

Vroidの導入からVRM形式での書き出しまでを解説しています。

＊

VRoidとは、ピクシブ(株)が提供している、キャラ制作に特化した「3Dモデリングソフト」です。

3D-CG初心者にも扱いやすいように、さまざまな工夫がされています。

VRoidは「VRM形式」の書き出しに対応しているので、制作したモデルはさまざまな「VRM対応コンテンツ」で利用できます。

＊

Web上の記事を「書籍」という形式にして提供する主なメリットには、下記のようなものがあると私は考えています。

---

**・Webサイトと異なり、広告がなく、スムーズに読める**

**・1〜7章と記事の流れがまとまっていて、読み進めやすい**

**・複数のディスプレイがなくても、本書と画面を並べて進められる**

---

…など。

内容はブログとほぼ同じですが、書籍という形式のほうが進めやすい方もいると思います。

私としては、どちらにも対応できるようにしたいと思っていたので、この度、本にする機会をいただき嬉しく思います。

しぐにゃも

# CONTENTS

●各製品名は、一般的に各社の登録商標または商標ですが、Ⓡおよび TM は省略しています。
●本書に掲載しているサービスやソフトの情報は執筆時点のものです。今後、価格や利用の可否が変更される可能性もあります。

# 第1章

# 「基本操作」と「キャラ」の作り方

本章では、VRoidの基本操作を紹介します。

## 1-1 VRoidの導入

さっそくVRoidをインストールしていきましょう。

### 手順 VRoidの導入

**[1]** こちらのページにアクセス。

VRoid Studio
https://vroid.com/studio

＜無料でダウンロード＞から、任意の導入方法を選択。
私は「Steam」を選びました。

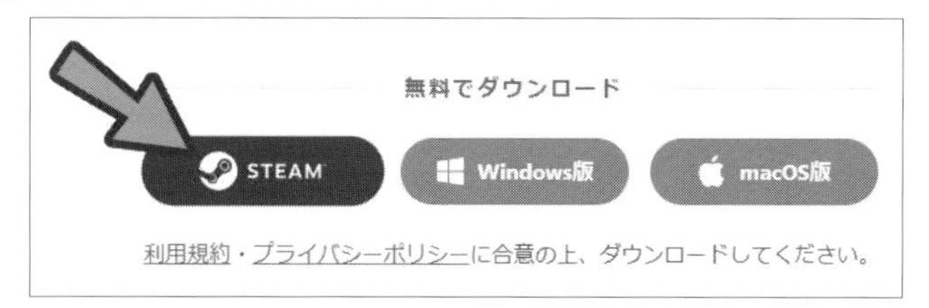


導入方法を選択

・「Steam」のメリット：自動でアップデートが入る
・「Steam」のデメリット：起動する過程で、一度「Steam」を立ち上げる手間が発生する

※私の場合、1～2か月に1回ぐらい使いそうなものは、自動アップデートが便利なので「Steam」で入れています。

**[2]** 「Steam」でインストールして、＜今すぐ使う＞で起動。

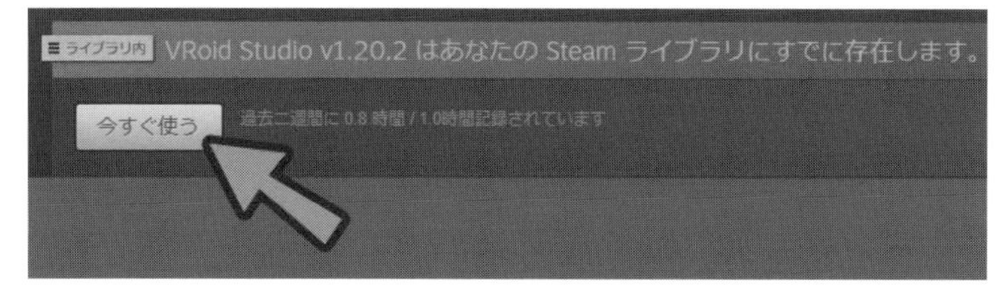


＜今すぐ使う＞で起動

＊

これで、VRoidの導入が完了です。

## ❏「Steam経由の起動」を楽にする方法

「Steam」を立ち上げて<ライブラリ>を選択し、VRoidを検索して選択。

VRoidを検索して選択

右側の歯車マーク→<管理>→<ローカルファイルを閲覧>を選択。

<ローカルファイルを閲覧>を選択

すると、「Steam Library」の中のフォルダが出てくるので、ここの「VRoid Studio.exe」を右クリック。

<スタートメニューにピン留めする>を選択します。

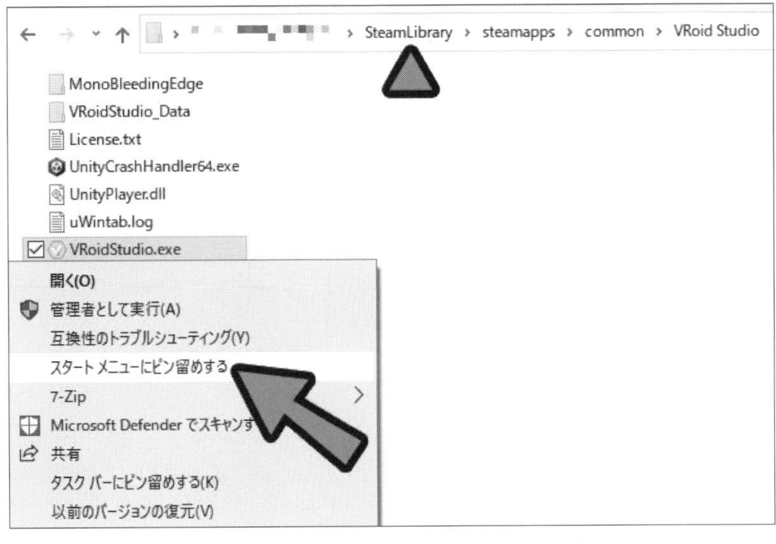


＜スタートメニューにピン留めする＞を選択

＊

こうすることで、「Steam」の起動からVRoidの起動までの工程を自動化できます。

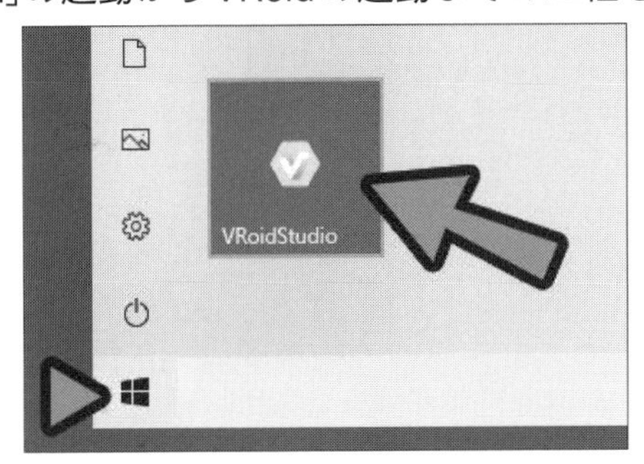


「VRoid Studio」がスタートメニューに配置された

# 1-2 キャラ生成

VRoidを立ち上げて、<新規作成>の上の「＋ボタン」をクリックしましょう。

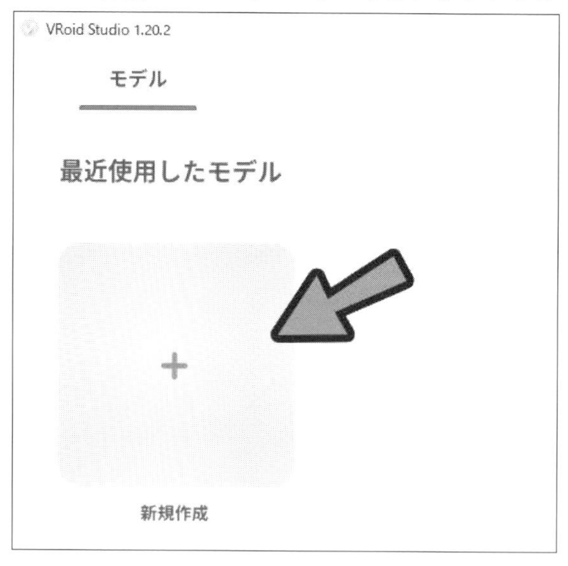


「＋ボタン」をクリック

そして、「性別」を選びます。

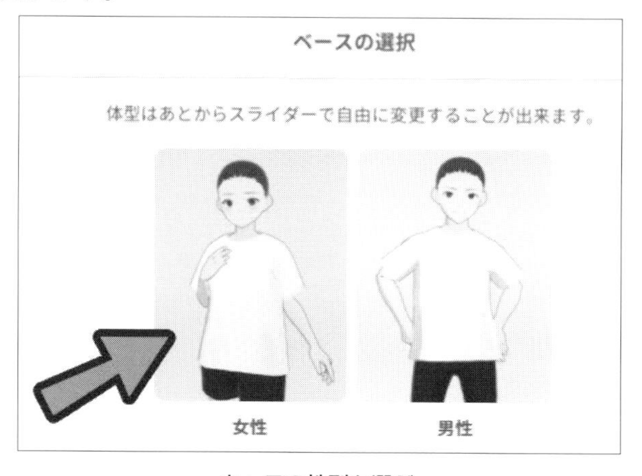


キャラの性別を選ぶ

これで、キャラ生成は完了です。

# 1-3 基本操作

画面に何も出ていない場合は、「左クリック」。
「視点」などを動かして、キャラを表示します。

> ※「視点」を動かすには、右クリックしながらマウスを移動。
> 「ズームイン／ズームアウト」は、「マウスホイール」を回転させれば可能です。
> また、「モデルの位置」は、[Shift]キー+マウス移動で調整できます。

＊

画面構成は次のようになっています。

・「画面上部」(顔〜アクセサリ)で、調整する要素を選択。
・「左側」で、どこを調整するかを選択。
・「素材」をクリックすると割り当てられる。

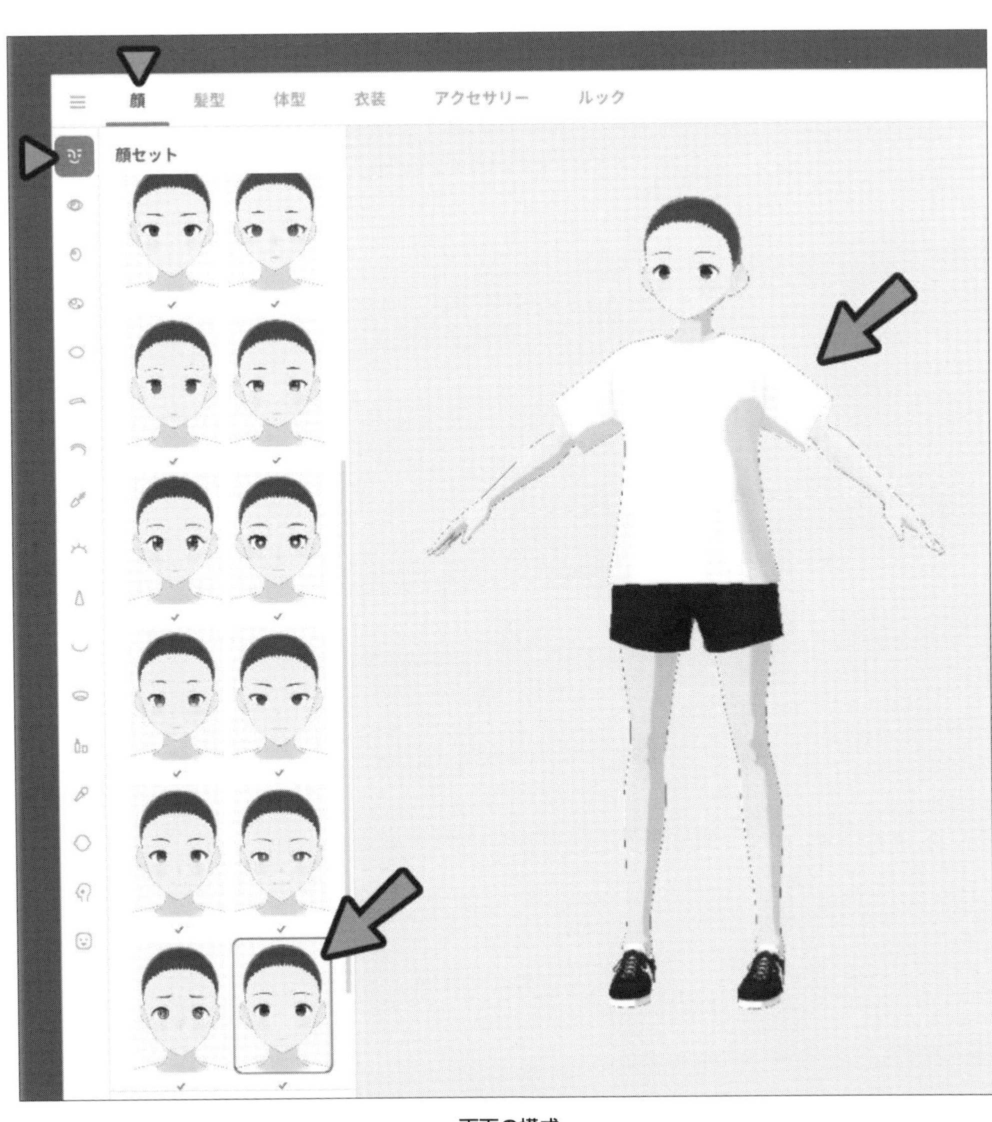


画面の構成

基本的な流れは下記のとおりです。

①左側で素材選択
②右側で素材調整

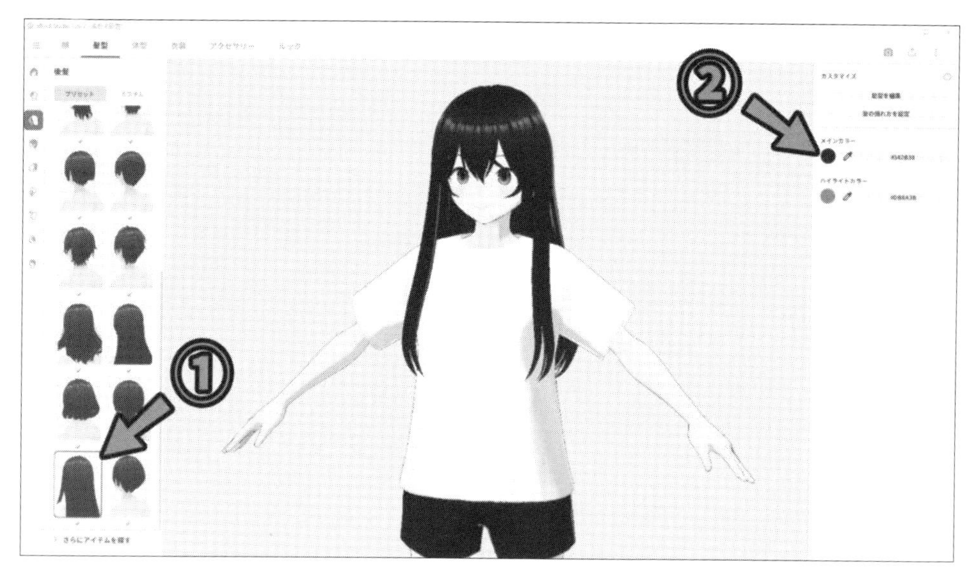


VRoidの操作の基本的な流れ

また、「衣装」の一部は、「青い点線の丸」を選ぶと消えます。

一部の「衣装」は消すこともできる

「保存」は[Ctrl]＋[S]キーで、「元に戻す」は[Ctrl]+[Z]キー、「やり直し」は[Ctrl]+[Shift]+[Z]キーです。

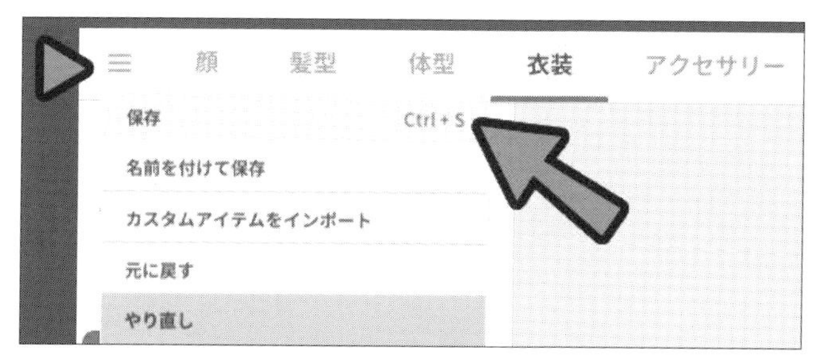


[Ctrl]＋[S]キーで設定を「保存」できる

## ❏素材選択の注意点

「顔」「髪型」「衣装」のいちばん上は、「**セット素材**」(プリセット)です。
その下に「**個別素材**」があります。

「セット素材」(プリセット)と「個別素材」

いちばん上のセットで「素材」を選択すると、右側の編集画面が出ません(複数の素材がセットになっているため)。

「プリセット」を選ぶと編集画面が出ない

下にある「個別の素材」を選択すると、編集画面が出ます。

「個別の素材」を選択

＊

以上が、「素材選択」の注意点です。

## 1-4 「顔」の造形調整

「顔」の造形を調整するところは、＜顔＞→＜顔＞にあります。

パラメータを操作して、輪郭などを調整できます。

①で「顔の素材」を選んで、②の「パラメータ」で細かい造形を調整

そのままだと、「VRoid感」が出るので、なるべく調整を入れてください。

> ※何もしないと、俗に言う「VRoid顔」になります。

# 1-5 表情調整

「表情」は、<顔>→<表情編集>で調整できます。

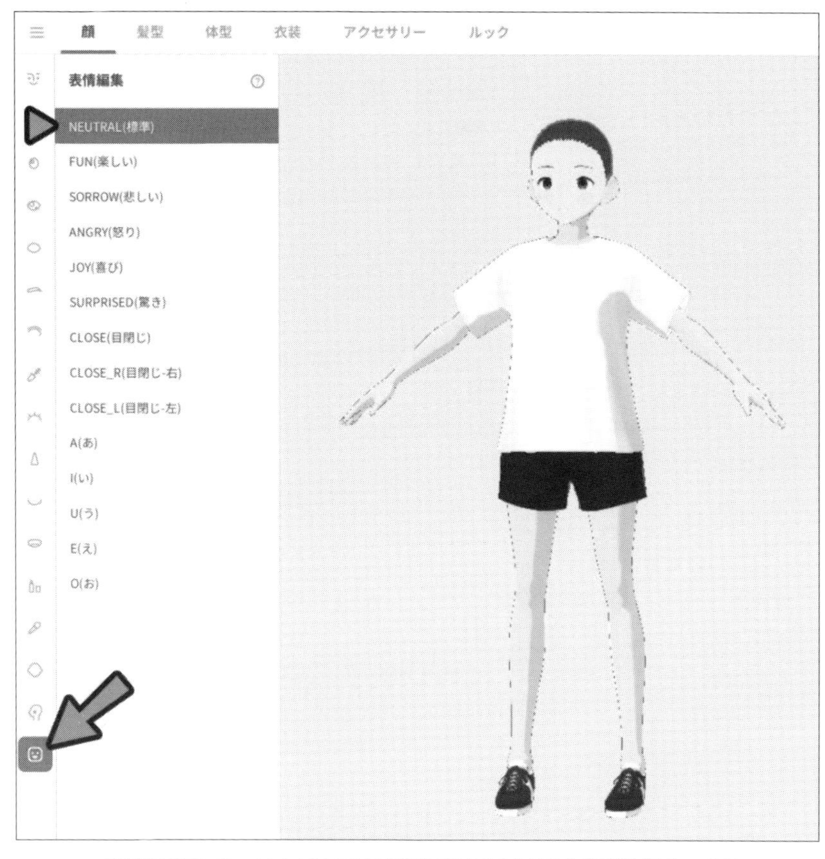


<表情編集>は、いちばん下の項目(図左下の矢印)を選ぶと操作できる

左の項目から「表情」を選ぶと、選択したとおりの表情になります。

「JOY(喜び)」を選ぶと喜んでいる表情になる

この状態で、画面右側で編集。
すると、表情の“形”を変えることができます。

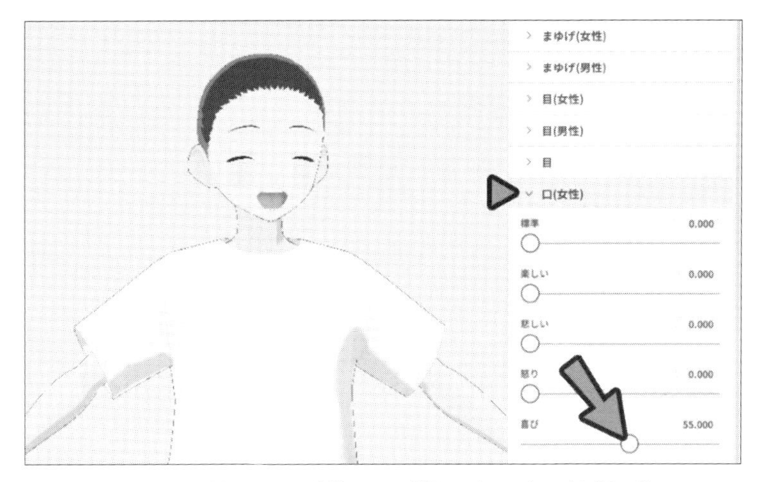


「パラメータ」を調整すると、表情ごとの「顔のパーツ」の形を微調整できる

## ❏表情の「VRoid感」を軽減する

「VRoid顔」の特徴は、「口が大きく動くこと」です。
これは漫画的にはいいのですが、「VRChat」などでは「強調しすぎ」と感じることがあります。

初期設定のままだと口が大きく動きすぎる

この「口の開き具合」を減らしていくと、「VRoid感」が軽減されます。

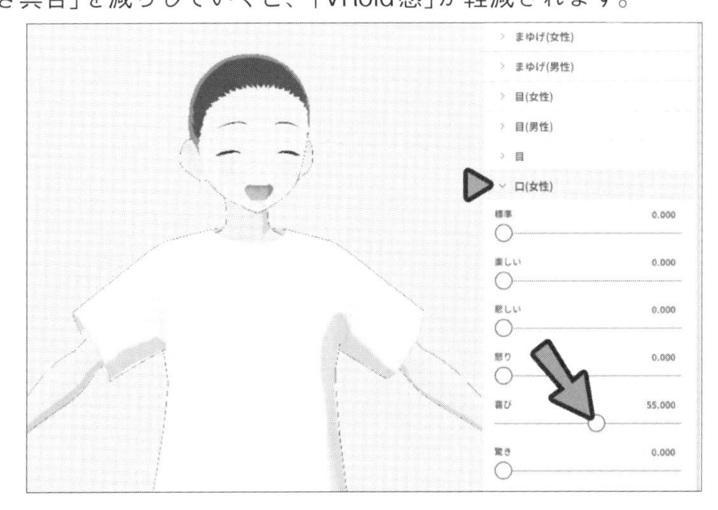


<口>→<喜び>のパラメータを減らすと、笑ったときの「口の開き具合」が減る

また、「下の歯」が見えるのも「VRoid感」の１つです。
＜隠す(下顎)＞で消すと、「VRoid感」がより減ります。

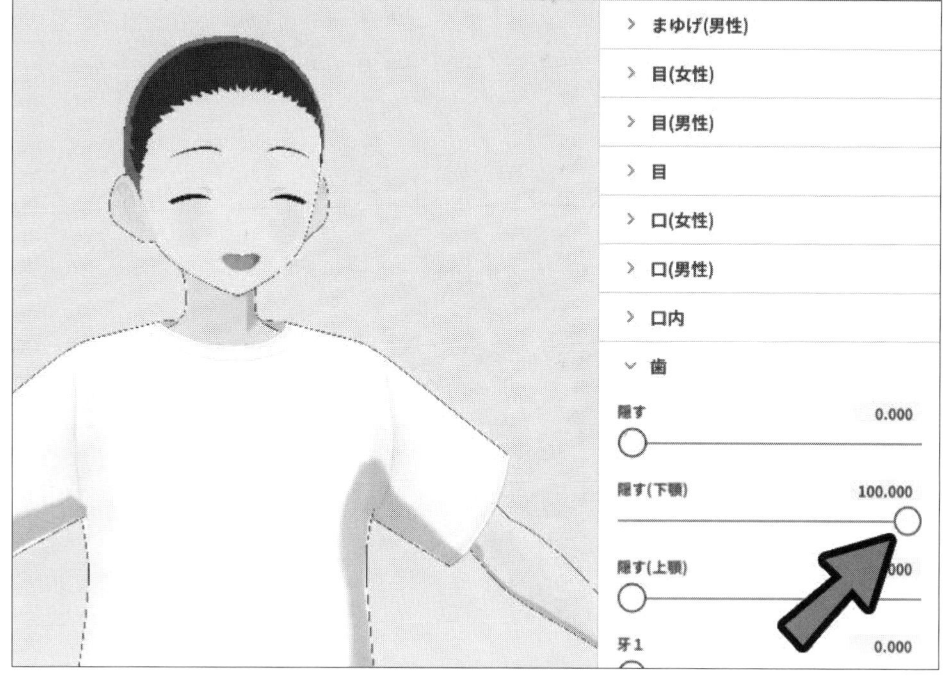


＜隠す(下顎)＞で下の歯を消す

「驚き」も同様に、すごく大きな口の開き方になります。

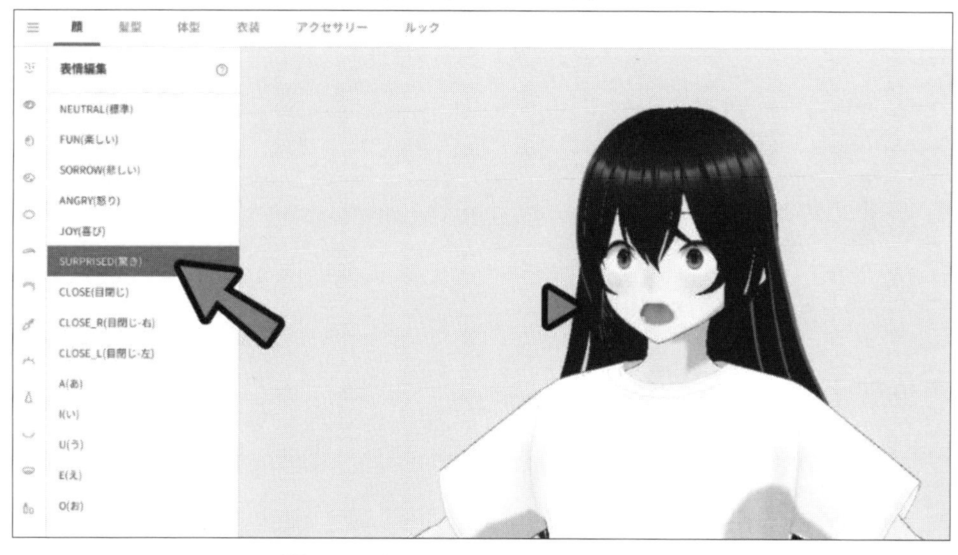


「驚き」も同様に、口の開き方がとても大きい

同じやり方で、ほどよい大きさに調整してください。

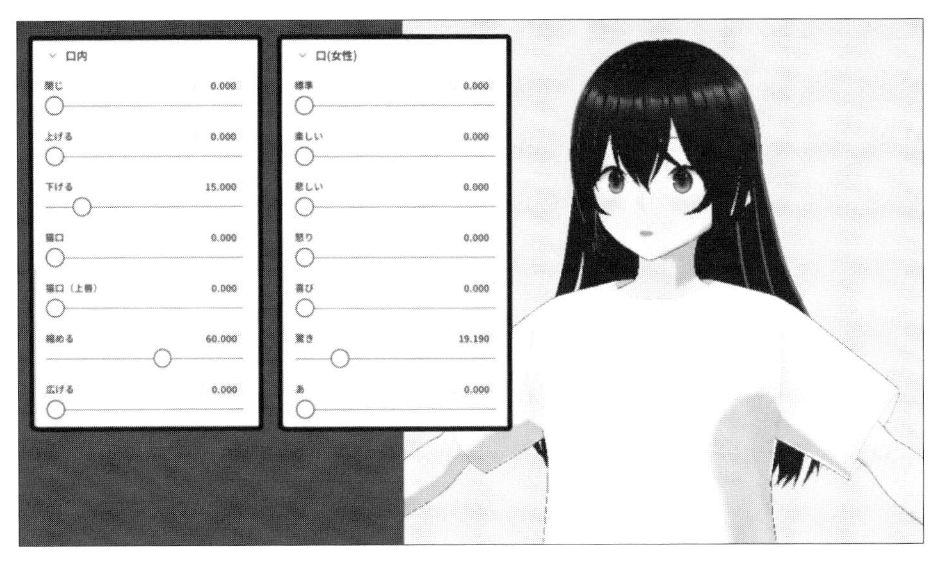


<口(女性)>→<驚き>と<口内>→<縮める>を増減させて調節

<FUN (楽しい) >も個人的に顔の変化が大きいと思いますが……ここは好みが分かれそうなので、お任せします。

＊

以上が「表情」の「VRoid感」を軽減する方法です。

## 1-6 「見え方」の調整

<ルック>で見え方を調整できます。

主要な要素は下記の3つです。

・アウトライン
・リムライト
・陰影

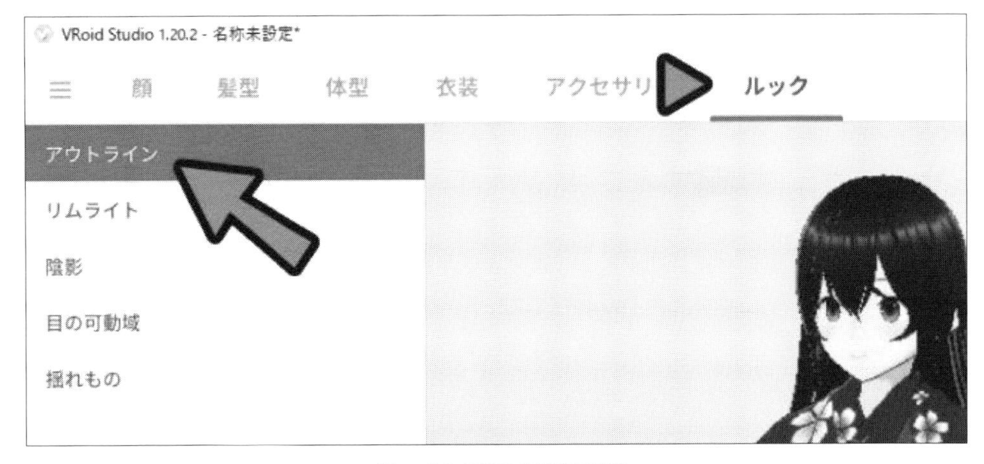


<ルック>で「見え方」を調整

「アウトライン」は「線画の太さ」です。
「髪」「顔」「体」「アクセサリ」のパーツごとに分けて調整できます。

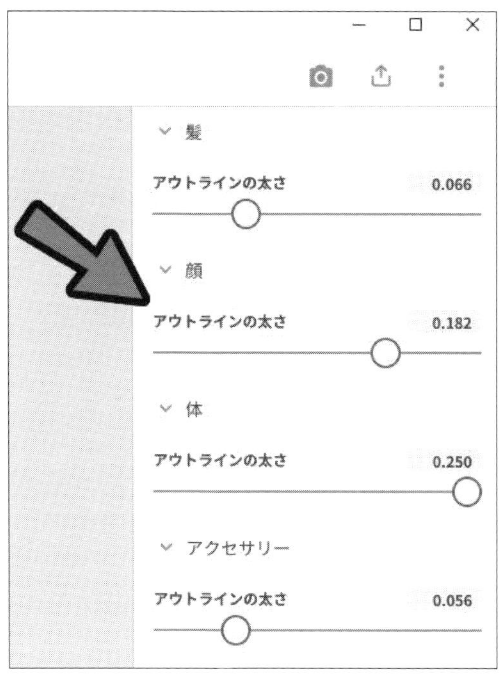


アウトライン

「リムライト」は「反射光」。
こちらもパーツに分けて調整可能で、「圧縮」を操作すると、「ぼやけ具合」が変わります。

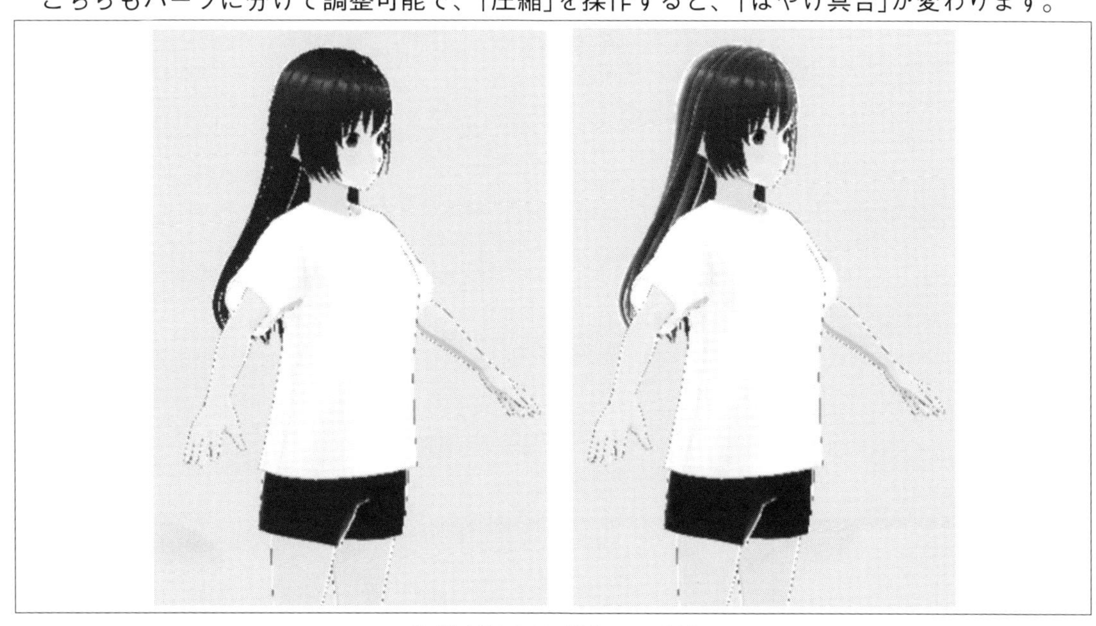

「圧縮」が100%(左)と0%(右)

「陰影」は「影」です。
こちらも、パーツに分けて調整可能です。

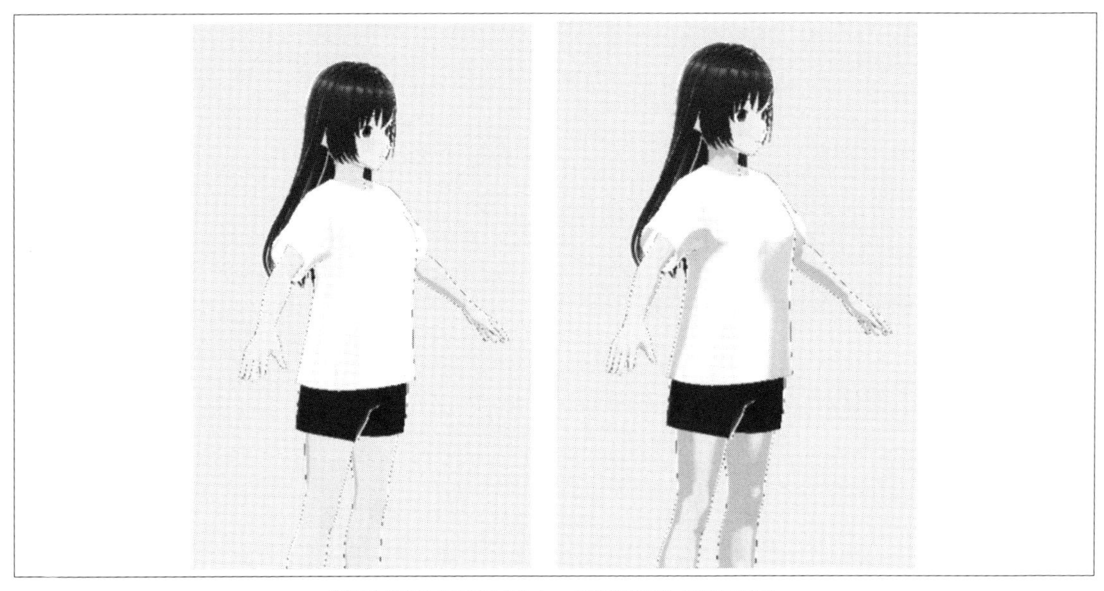

「陰影」を弱く設定(左)と、「陰影」を強く設定(右)

＜目の可動域＞と＜揺れもの＞は、
上級者向けです。
基本的に触りません。

＜目の可動域＞と＜揺れもの＞は基本的に触らない

モデルを「VRM形式」で書き出してゲーム素材などにした際に、動作に不具合が起こったら調整してください。

## 1-7 本章のポイント

本章では、VRoidの「基本操作」を紹介しました。

＊

以下、本章のポイントです。

- 左側で素材選択
- 右側で素材編集
- 「顔」の造形調整は、＜顔＞→＜顔＞で調整可能
- 「表情」は＜顔＞→＜表情編集＞で調整可能
- 「表情」は漫画的で口が大きく開くので、修正すると「VRoid感」が減らせる

# 第2章

# 「髪の毛」の作り方

VRoidで「髪の毛を作る方法」を紹介します。
前章で解説した「VRoidの基本操作」ができることを前提に進めます。

## 2-1 髪の基本操作と下準備

<髪セット>から、任意の素材を読み込めます。

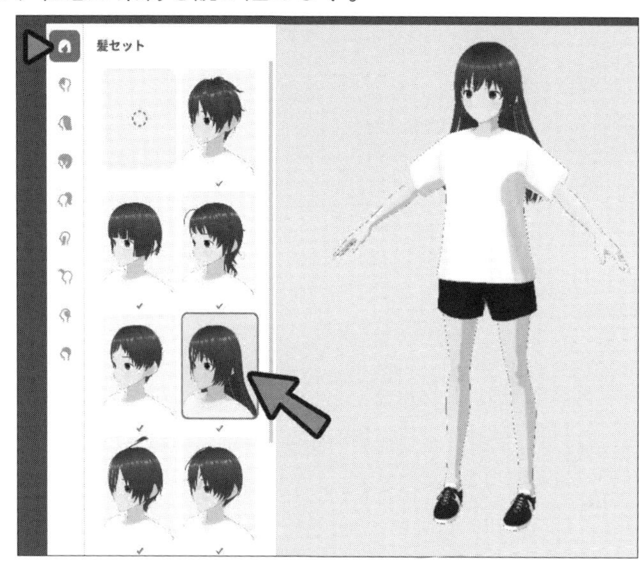


髪の素材は<髪セット>から読み込む

右上のところで、色を変えられます。

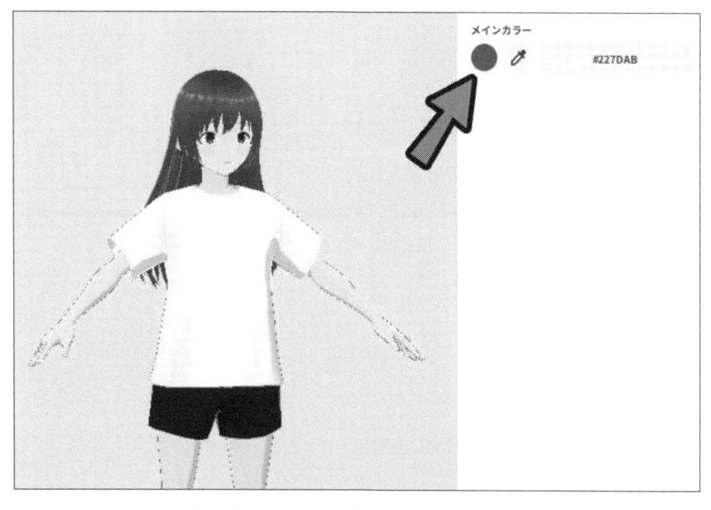


色の変更は右上の「カラーパッド」から

＊

＜前髪＞を選択すると、現在、セットに使われている素材が分かります。

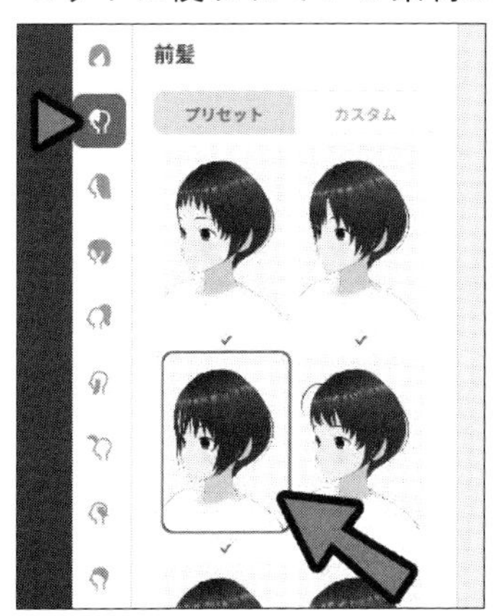


今設定しているセットが、「枠線」で囲まれて表示される

「前髪」を選択した状態だと、右側に＜髪型を編集＞が表示されます。
こちらをクリック。

＜髪型を編集＞をクリック

＊

中身を確認しましょう。
＜グループ＞で「髪の毛のまとまり」を選択できます。
そして、＜グループ＞の中にある＜ヘアー＞で、「毛」の1本1本を選択可能です。

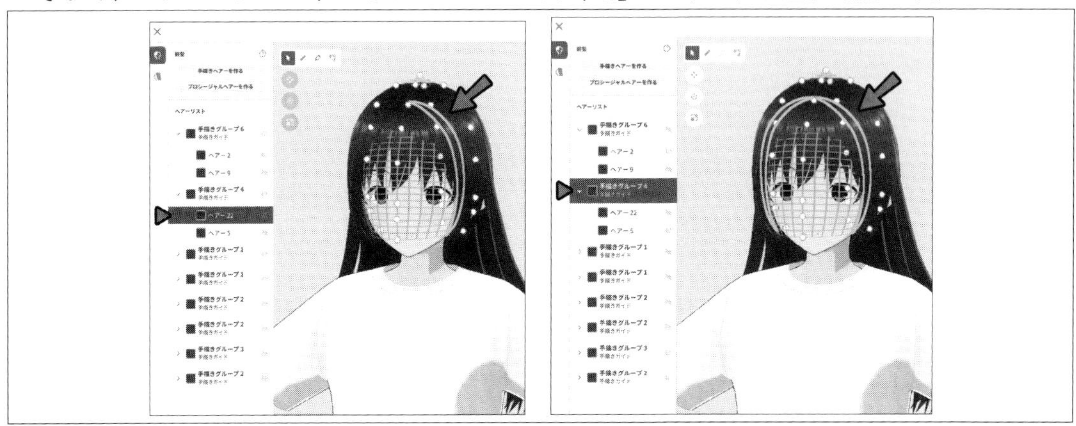

＜グループ＞で「髪の毛のまとまり」を、＜ヘアー＞で「毛」を選択

また、不要な「グループ」と「ヘアー」は、右クリック→＜削除＞で消せます。

右クリック→＜削除＞で消去

＊

これから「髪の毛」の制作を行なうため、すべての「毛」を消します。

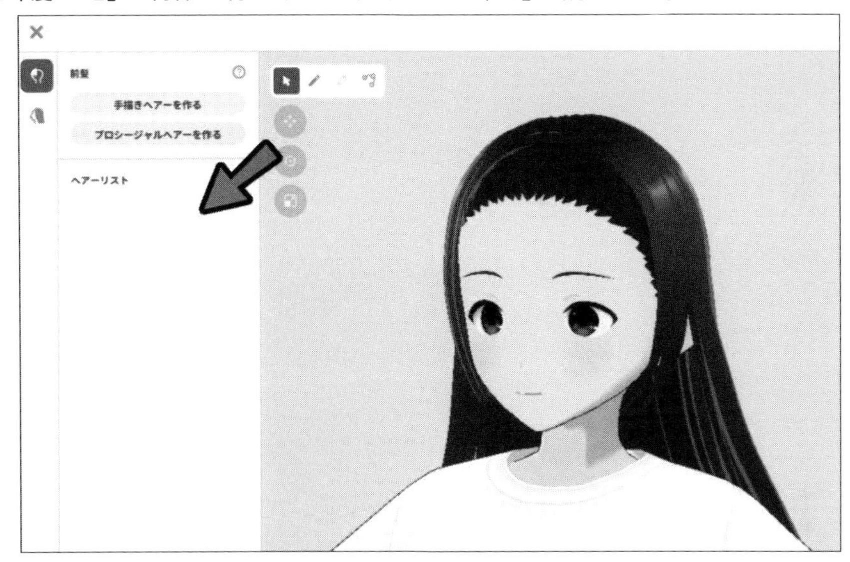


削除後の「前髪」。「ヘアーリスト」には何も残っていない。

「後髪」も同様に「グループ」を削除して、「毛」をなくします。

＊

これで「髪の毛」の制作の下準備が完了しました。

# 2-2 「髪の毛」の作り方

「髪の毛」の作り方は2通りあります。

・プロシージャル：複数の毛をまとめて作る

・手描き：1本1本作る

「プロシージャル」で全体を作ってから「手書き」で細部を作る、というのが理想的な進め方です。

## ❏プロシージャルヘアー

「プロシージャル」を使うと、複数の「毛」をまとめて、同時に生成できます。

※「プロシージャル」＝手続き型。数式や処理を組み合わせて、操作・生成する方法です。

＜プロシージャルヘアーを作る＞をクリック。

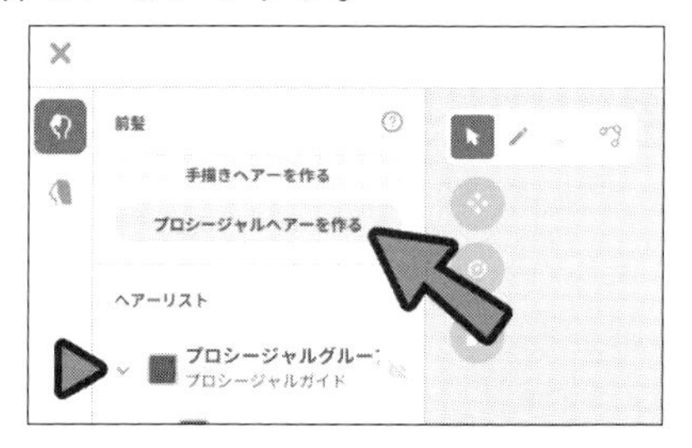


＜プロシージャルヘアーを作る＞をクリック

すると、土台に乗った「髪の毛」が出てきます。

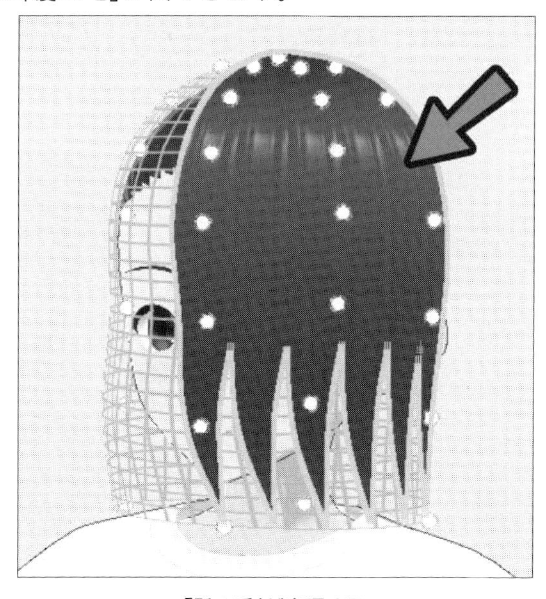

「髪の毛」が出現する

この「髪の毛」は、＜プロシージャルパラメータ＞で制御できます。
ここが先述の、「数式や処理を組み合わせて、操作・生成」の部分です。

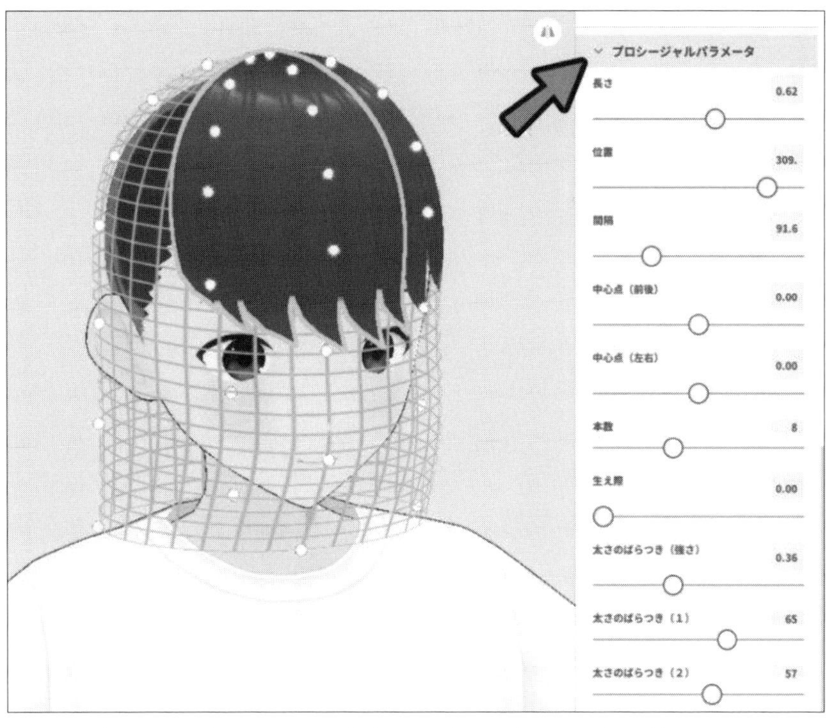


「プロシージャルヘアー」は「プロシージャルパラメータ」で調節できる

＜位置＞を動かすと、「髪の毛」を360度回せます。

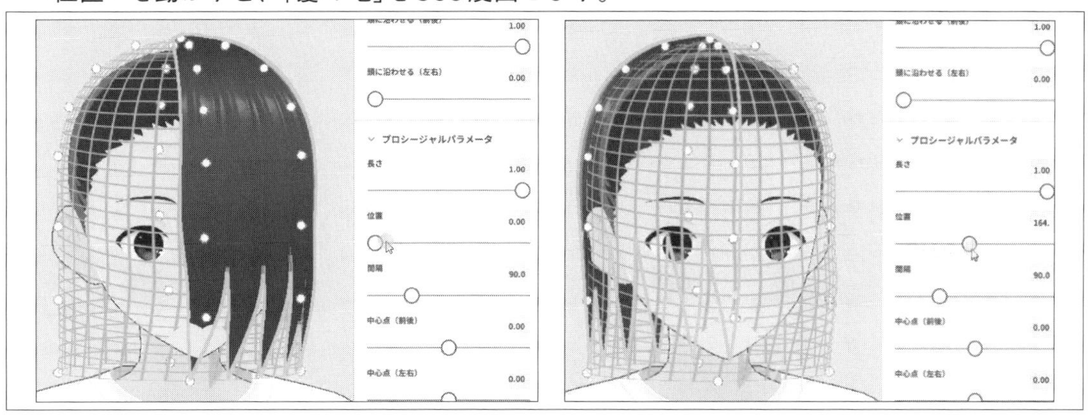


＜位置＞で「髪の毛」を回転させられる（図は180度回転）

さらに、画面左上の＜縮小＞＜回転＞＜拡大＞で、土台の全体を変形できます。

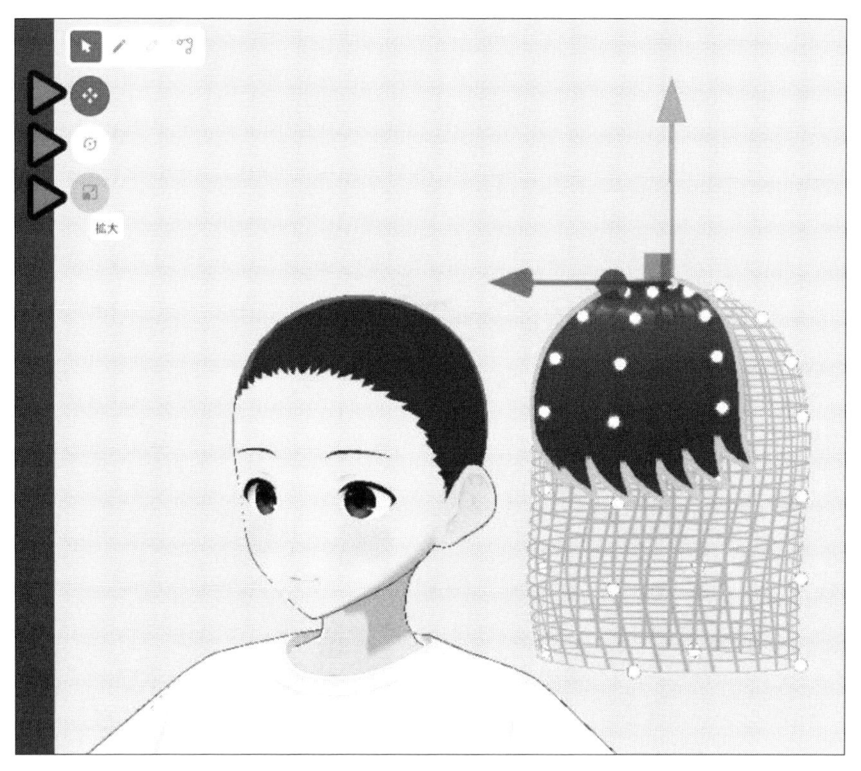


上から<縮小><回転><拡大>

「制御点」を操作すると、土台の一部を動かせます。

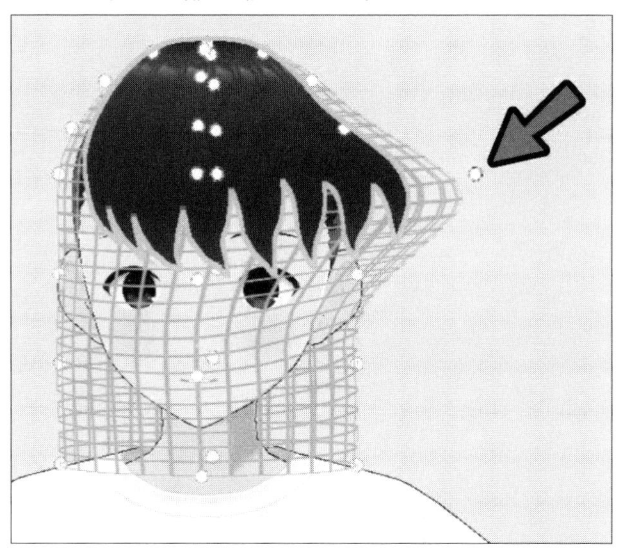

「制御点」を引っ張ると、合わせて土台も引っ張られて、変形する

*

「プロシージャルヘアー」は、「手描きヘアー」に変更できます。

変更するには、変更したい「グループ」を選択→右クリック→<手描きヘアに変換>を選択。

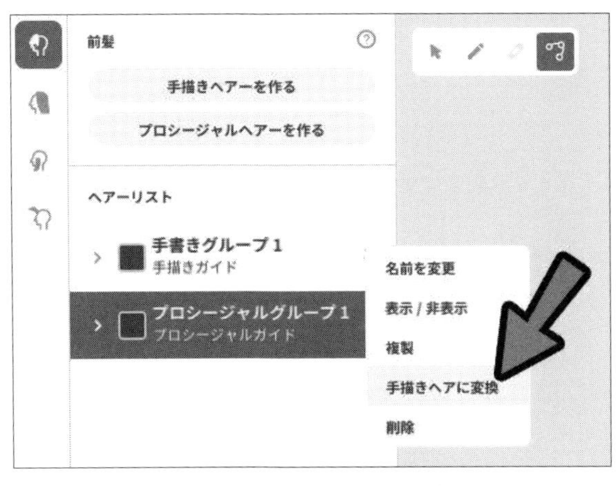


＜手描きヘアに変換＞を選択

「手描きヘアー」には、以下のような「メリット」と「デメリット」があります。

**手描きヘアーにする「メリット」：「制御点」が使える**
**手描きヘアーにする「デメリット」：「プロシージャルパラメータ」の制御が使えない**

＊

以上が、「プロシージャルヘアー」の操作です。

## ❏手描きヘアー

### 手 順 「手描きヘアー」の作り方

**[1]** ＜手描きヘアーを作る＞を選択。

＜手描きヘアーを作る＞を選択

**[2]** 先ほど制作した「プロシージャルヘアー」を、「非表示化」します。

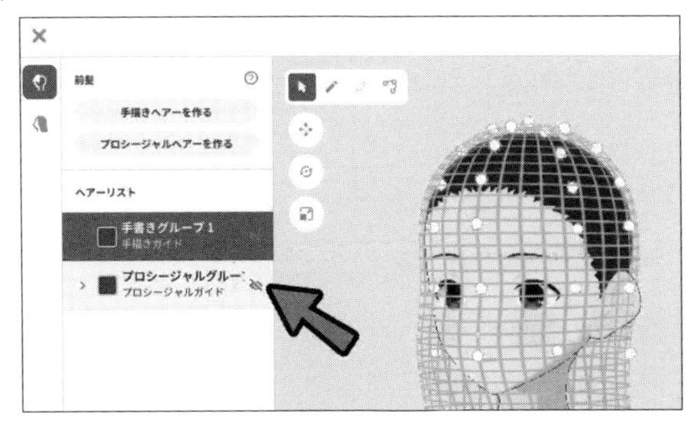


＜グループ＞の目のマークをクリックすると、「表示/非表示」を切り替えられる

**[3]** ＜手描きグループ＞を選択して、＜ブラシ＞を選択。

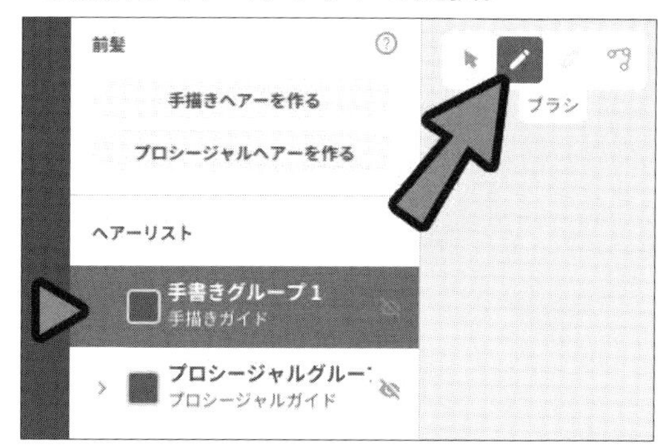


＜ブラシ＞を選択

**[4]** 土台の上をクリックして、ドラッグ＆ドロップすると、「髪」が出来ます。

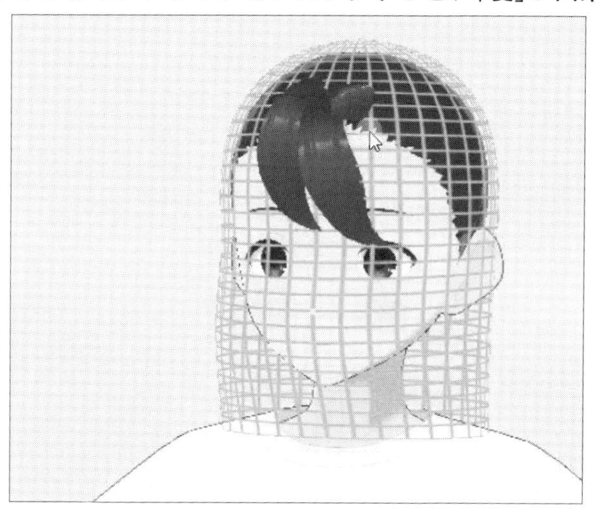

ドラッグ＆ドロップで「髪」を生成

土台の外にマウスを動かすと、生成が止まります。

＊

次は「手描きヘアー」のパラメータを操作します。

まず「選択」モードに変更。
パラメータ編集は、「選択」にしないと動きません。

＜選択＞をクリック

＊

＜ヘアーパラメータ＞で、「太さ」などを変えます。

※「手描きヘアー」には、「プロシージャルパラメータ」はありません。

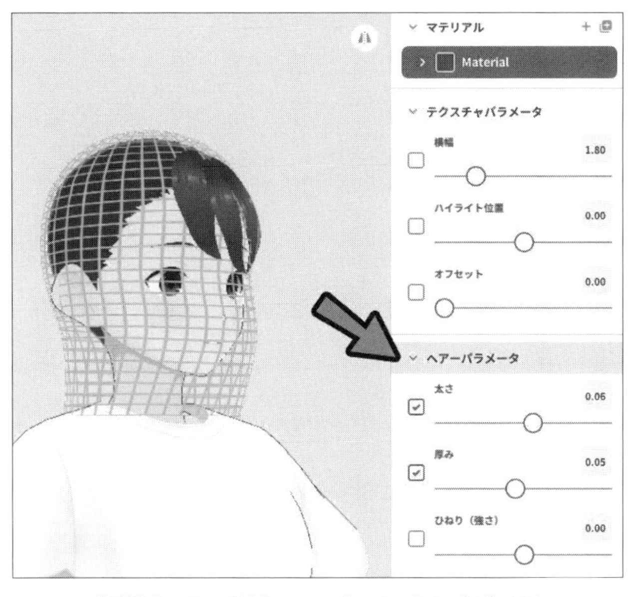


「手描きヘアー」は「ヘアーパラメータ」で操作する

いちばん上の「グループ」を選択してみましょう。

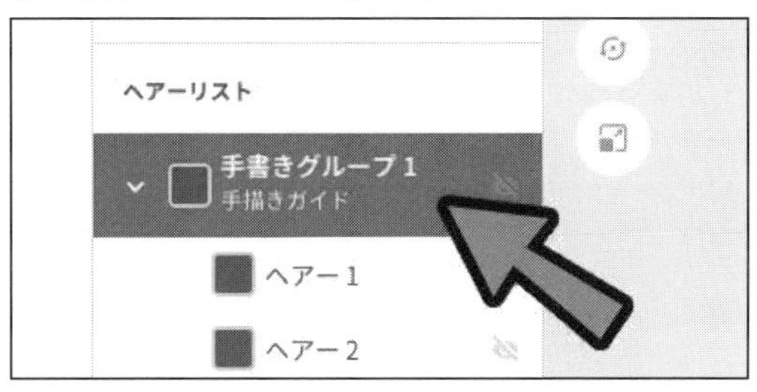


「グループ」を選択

この状態で「パラメータ」（この場合は<太さ倍率>）を操作すると、グループ内の「ヘアー」すべてに影響が入ります。

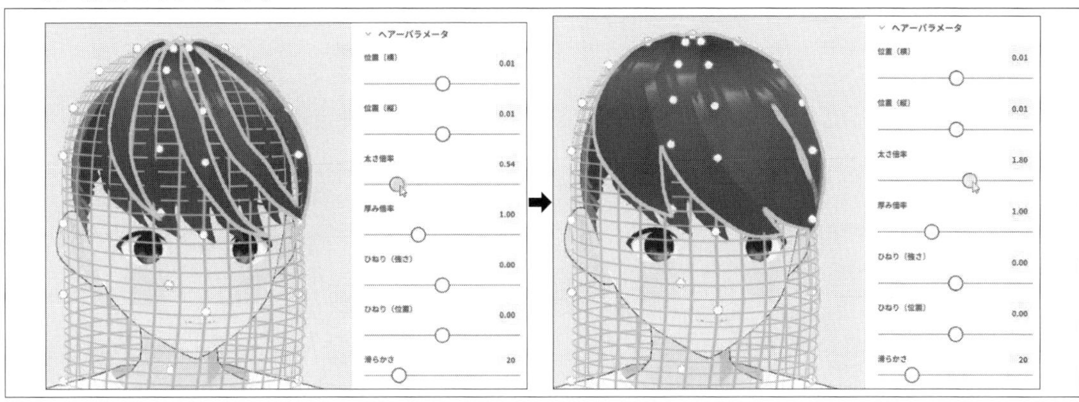

グループ内のすべての「ヘアー」が太くなった

こんどはグループ内の「ヘアー」を選択してみます。

グループ内の「ヘアー」を選択

この状態でパラメータを操作すると、1本の「髪の毛」だけに影響が入ります。

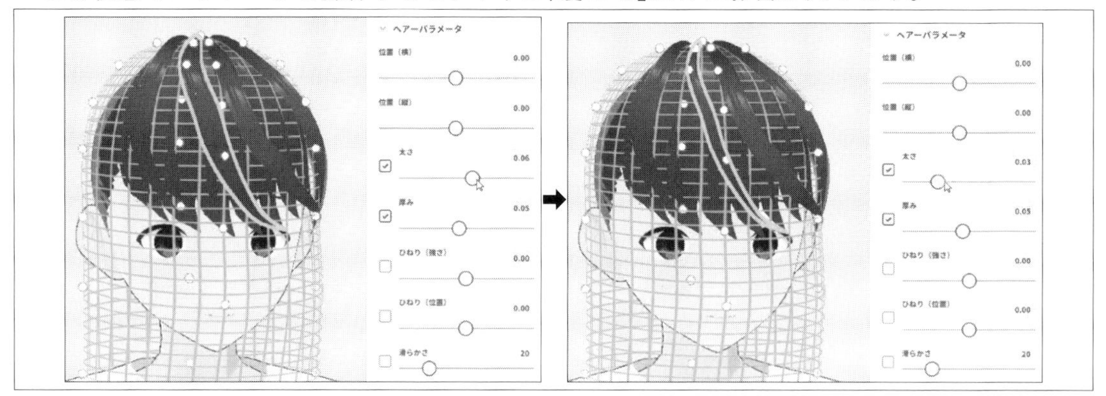


1本の「髪の毛」だけ「太さ」が変化する

*

「ヘアー」は、<修正ブラシ>を使うと、形を後から整えることができます。

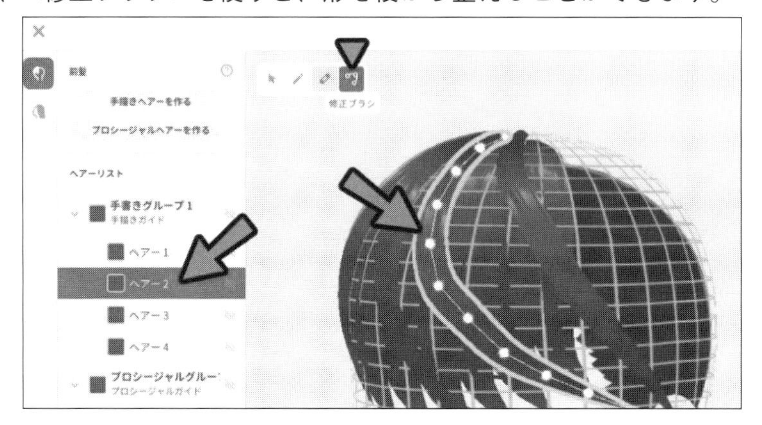


<修正ブラシ>で、形を後から整えられる

また、右クリック→<スムージング>を使うと、「制御点」を減らすことができます。

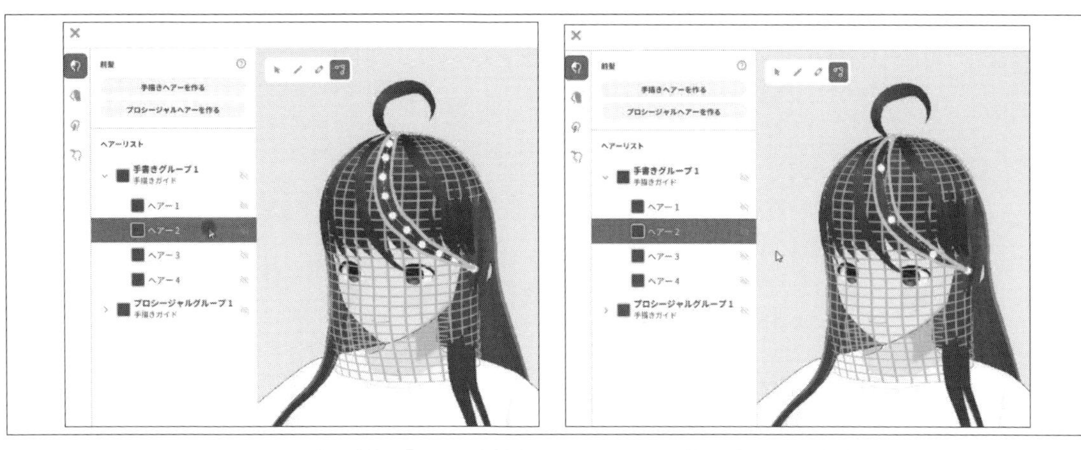


スムージング前の「ヘアー」(左)と、スムージング後の「ヘアー」(右)

＊

以上が、「手描きヘアー」の基本です。

## ❑「髪の毛」を調整する

「プロシージャル」で土台を作り、「手描き」で細部を重ねます。

＊

「手描きヘアー」が重ならないように、下記の方法を使い調整しましょう。

・＜移動＞や＜スケール＞で土台の形を変える。
・＜ガイドパラメータ＞の＜オフセット＞で土台を膨らませる。

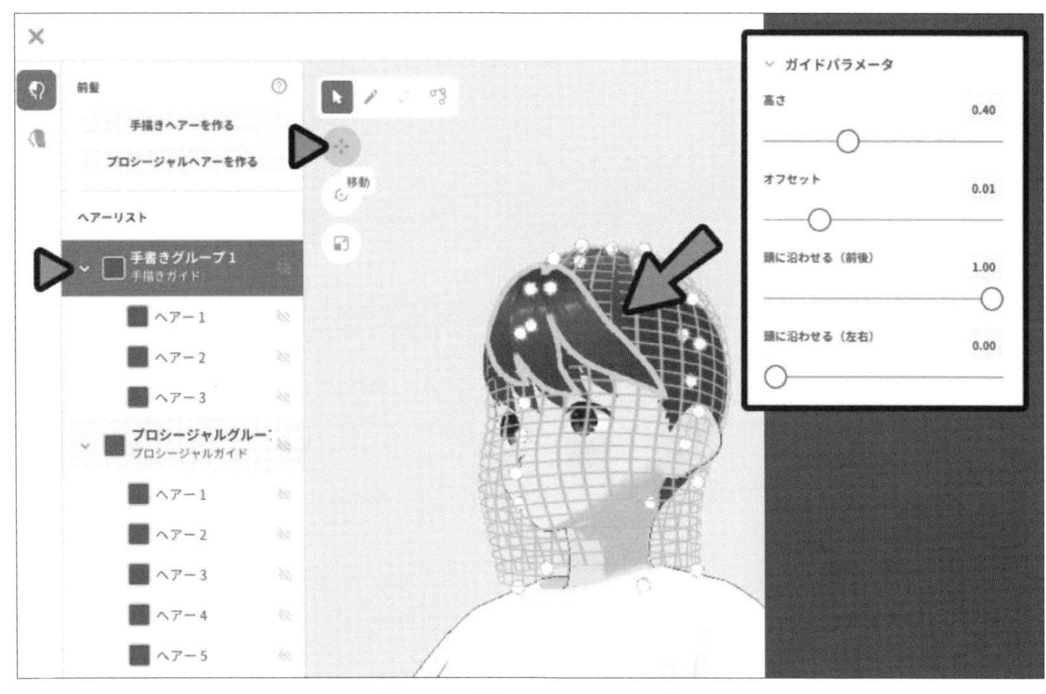


「ヘアー」が重ならないように調整

不要な「髪の毛」は、右クリック→＜削除＞で消します。

## ❏「長い後髪」を作る

＜後髪＞を選択して、「プロシージャルヘアー」を作成。

＜後髪＞に「プロシージャルヘアー」を作成

そして、＜ガイドパラメータ＞の＜高さ＞と＜オフセット＞を調整します。

これで、「長い髪の毛」用の土台が出来ます。

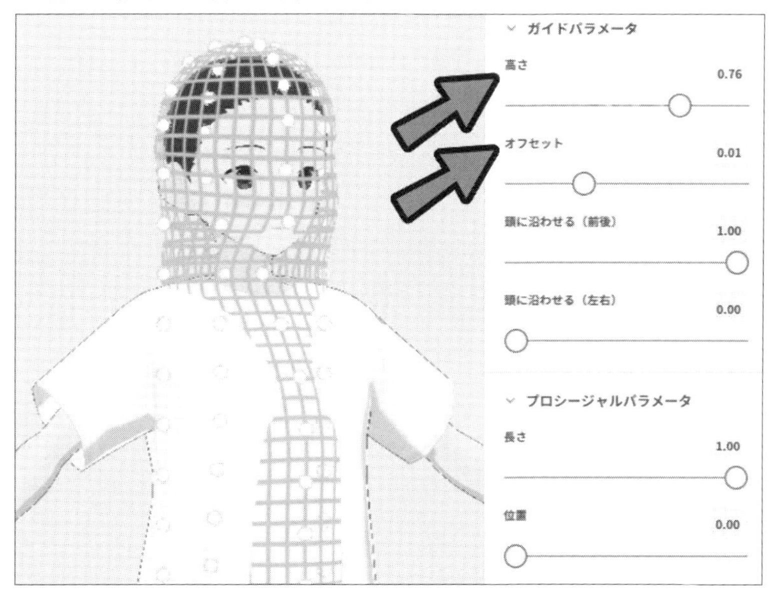


＜高さ＞を増加させて、土台の長さを腰まで伸ばす

もしくは、画面右上の「左右対称ボタン」をクリック。

「左右対称ボタン」をクリック

そして「制御点」を動かして、土台を長くします。

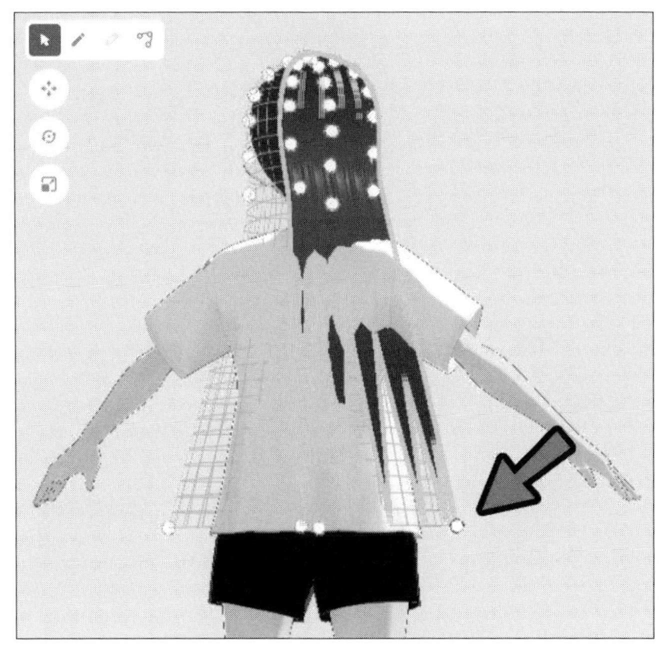

「制御点」を動かして、土台を伸ばす

この方法は、「制御点」を１つ１つ動かすので不便ですが、変わった形の土台が作れます。

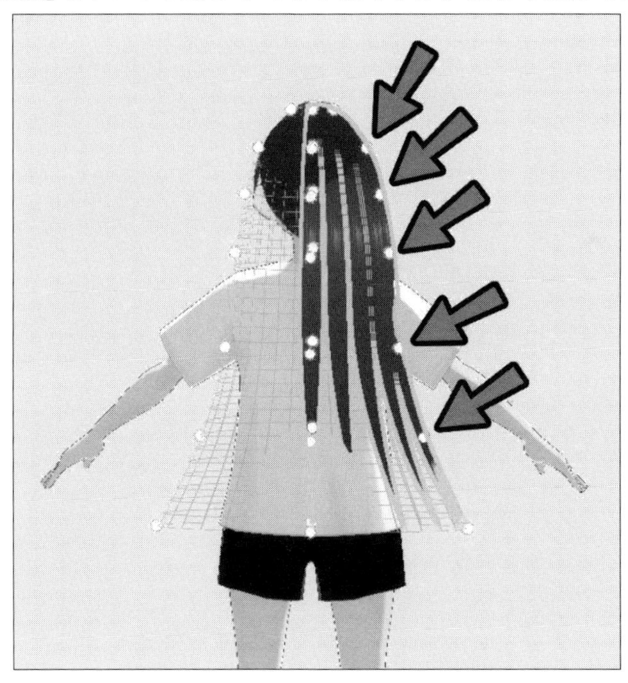

「制御点」を１つずつ動かす必要がある

＊

上記のいずれかの方法で土台を作ったら、その上から「プロシージャル」などで「髪の毛」を作ります。

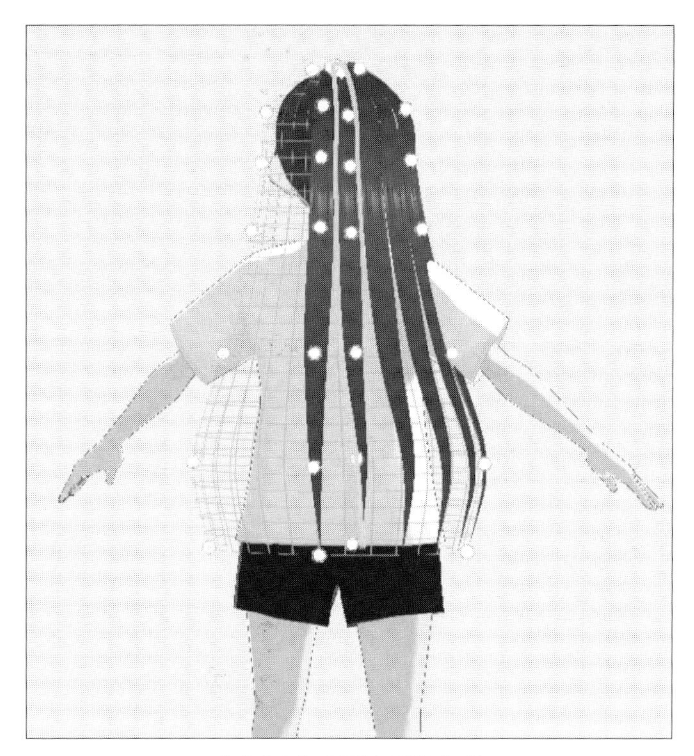

土台の上から「髪の毛」を作成

<プロシージャルパラメータ>の<毛先アーチ>で、全体の強弱を作成。

<毛先アーチ>で全体の強弱をつける

これで、「長い後髪」の完成です。

## ❏「横髪」「アホ毛」などを追加

「横髪」や「アホ毛」といった要素を足します。

「横髪」や「アホ毛」を足す

＊

現在、土台は「前髪」と「後髪」しかありません。
なので、「横髪」や「アホ毛」の土台を足します。

### 手　順　「横髪」と「アホ毛」の土台を足す

**[1]** まず、画面左上の「×ボタン」をクリック。

「×ボタン」をクリック

**[2]** <新規アイテムとして保存>で、「前髪」と「後髪」を保存。

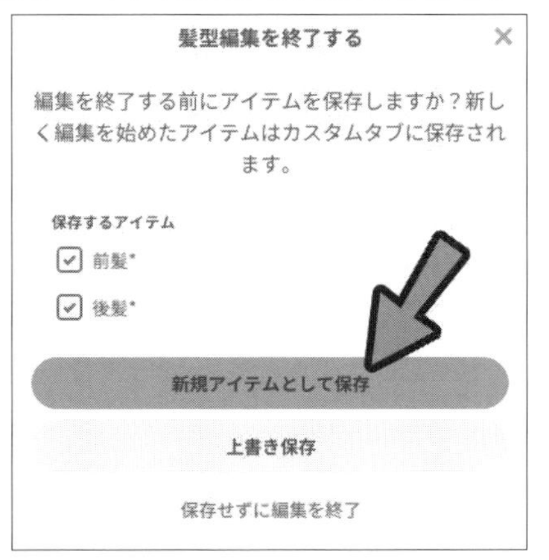


「前髪」と「後髪」を保存

[3] ＜髪型＞→＜横髪＞→＜カスタム＞を選択し、＜新規作成＞をクリック。

＜新規作成＞をクリック

これで、「横髪」用の土台が出来ました。

[4] 「アホ毛」の土台も足します。
＜アホ毛＞→＜カスタム＞→＜新規作成＞で土台を作成。

＜新規作成＞で土台を作成

[5] 画面右上の＜髪型を編集＞をクリック。

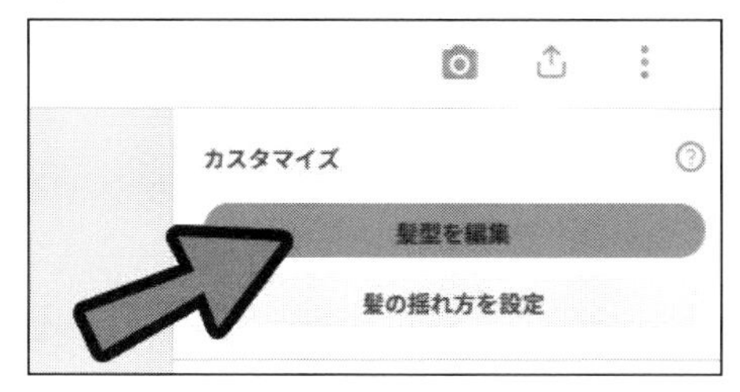


＜髪型を編集＞をクリック

すると、「横髪」と「アホ毛」を設定する項目が増えています。

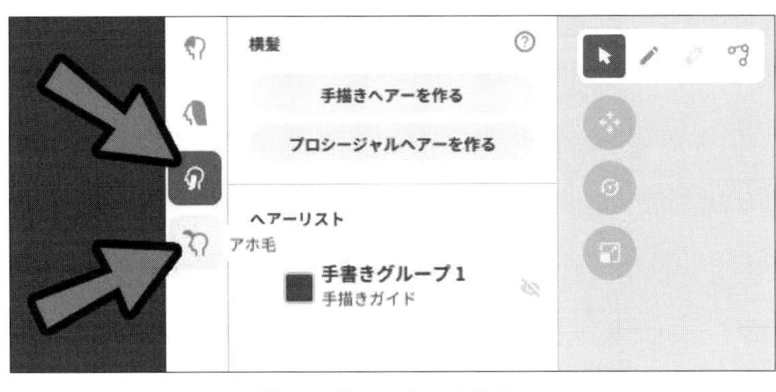


「横髪」と「アホ毛」の設定項目

**[6]** 「前髪」「後髪」と同じ手順で、「髪の毛」を作ります。

「横髪」を作成

「横髪」は、土台を大きく変形させて表現しました。

「横髪」の土台

**[7]** 反対側の「横髪」も作ります。

反対側も作る

作った「髪の毛」を右クリック→＜複製＞を選択。

＜複製＞を選択

**[8]** ＜位置＞などを調整。
これで、反対の「横髪」が出来ました。

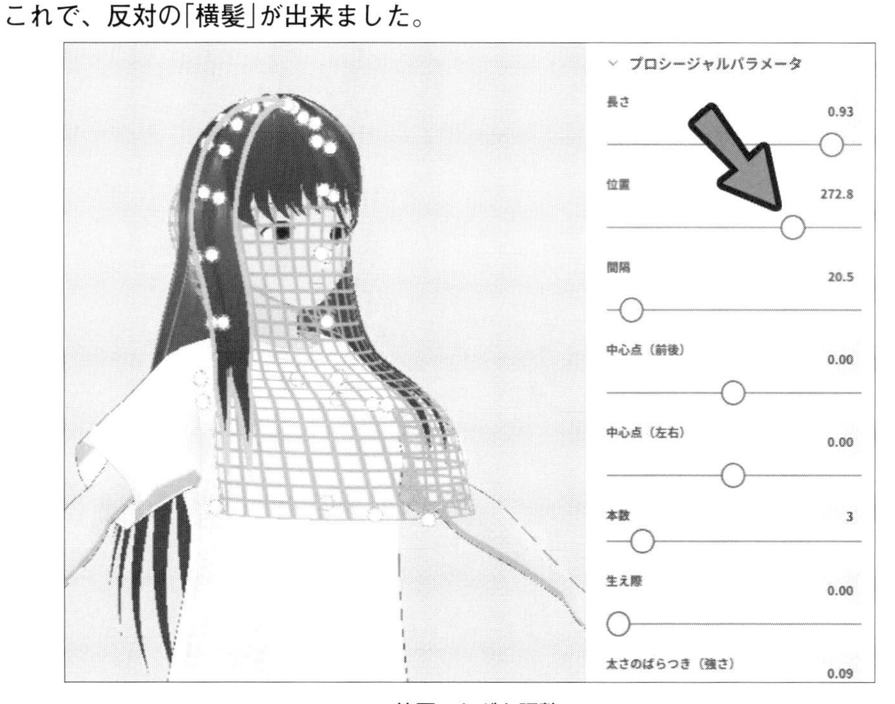


＜位置＞などを調整

VRoidでは、これぐらいの操作しかできません。
きれいな左右対称の髪を作りたいなら、「Blender」などの「3D-CGツール」を使いましょう。

**[9]** 「アホ毛」も同様の手順で作ります。

土台が「頭」の上にあること以外、すべて同じです。

「アホ毛」も作成

<手描きヘアー>→<ブラシ>で描いて作りました。

<ブラシ>で描いて作成

＊

これで、「横髪」や「アホ毛」などを追加できました。

# 2-3 「髪の色」を変える

「髪の色」は画面右上の<マテリアル>で変えることができます。

中にある<メインカラー><ハイライトカラー>は後に紹介するテクスチャに影響を与えます。

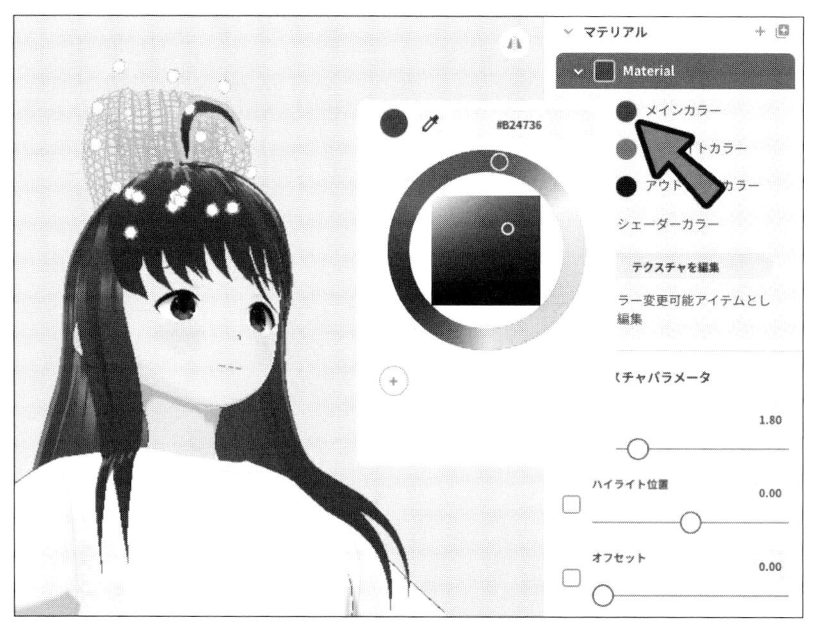


「髪の色」は、<マテリアル>で変更できる

より細かく調整したい方は<メインカラー><ハイライトカラー>を慎重に設定してから<テクスチャを編集>をクリック。

<テクスチャを編集>をクリック

「ブラシ」などで描画を入れると、模様などが入ります。

模様を入れることもできる

※テクスチャ操作は、次章で詳述。

<ベースヘアー>は<髪型>のいちばん下にあります。

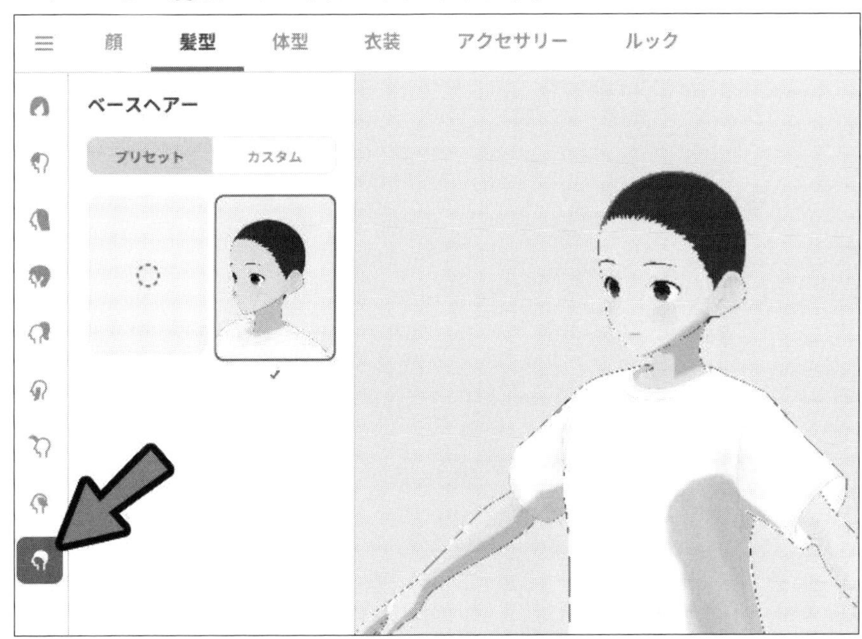


<ベースヘアー>は、いちばん下

「普通の髪」と「ベースヘアー」のマテリアルは分かれているので、こちらも色を変えます。

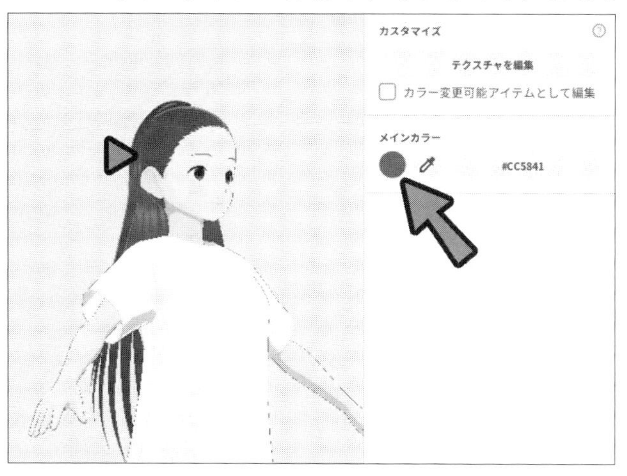


「ベースヘアー」も髪と同じ色に変える

これで、「髪の毛」の色変更が完了です。

## 2-4 髪の揺れ方、ボーン設定

制作した髪の素材をクリックします。

髪の素材をクリック

画面右上の＜髪の揺れ方を設定＞をクリックしましょう。

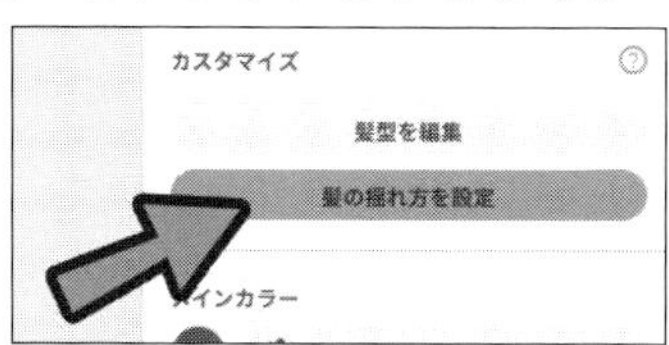


＜髪の揺れ方を設定＞をクリック

新規作成した「髪」は、「**ボーン**」が**未設定**です。

> ※「ボーン設定済み」になっているものは、最初に選択した髪素材の名残です。

設定がない「ボーン」を割り当てます。
＜ボーン未設定＞から、割り当てたいグループにチェック。＜ボーングループを自動生成＞をクリック。

＜ボーングループを自動生成＞をクリック

これで、自動的に「髪の毛」に「ボーン」が割り当てられます。

「ボーン」が割り当てられた

＊

画面右上で「ボーン」のパラメータを操作できます。

基本的に、何もしなくて大丈夫です。

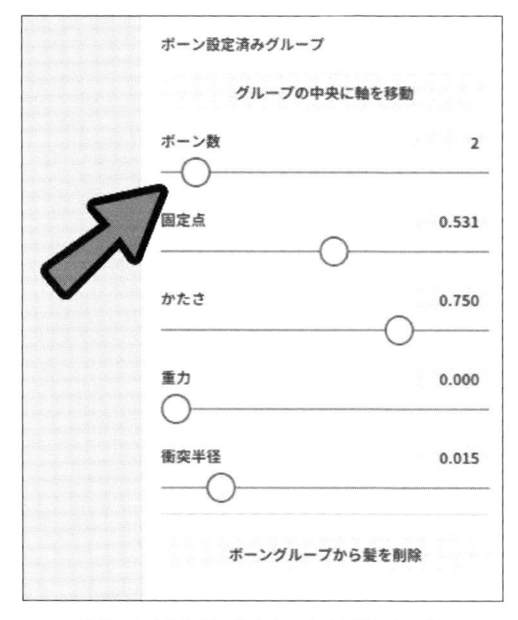


「ボーン」の各種パラメータを調整できる

「アホ毛」などは自動で設定できません。

なので、「固定点0」「ボーン数3」というように、個別に対応します。

「アホ毛」などは個別にパラメータを設定する

設定が終わったら、画面左上の「×ボタン」を押して、<上書き保存>を選択。

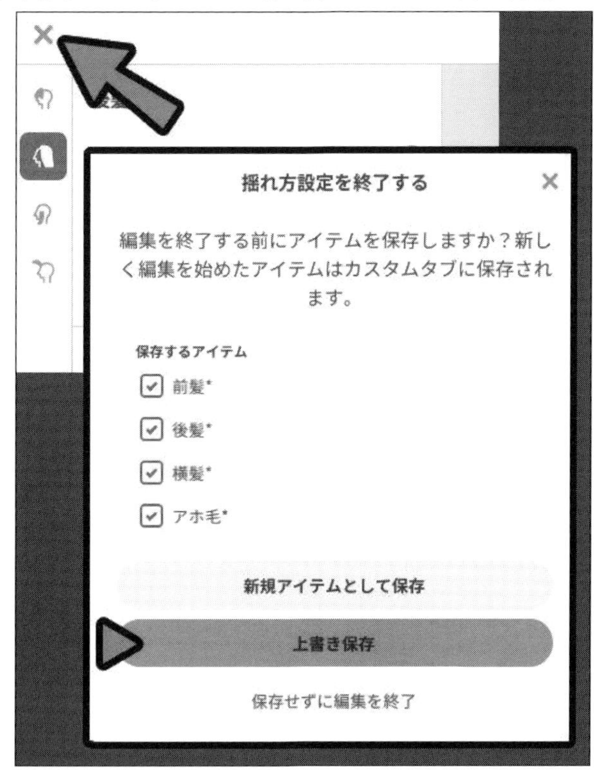


<上書き保存>を選択

画面右上の「カメラマーク」を選択。

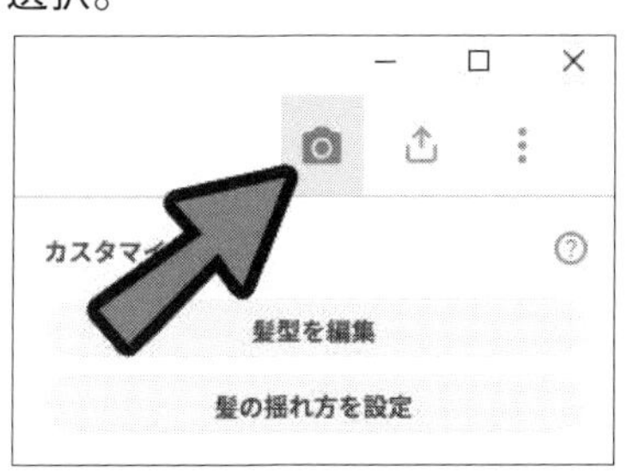


「カメラマーク」をクリック

<風>を選択。

<風>を選択

「風パラメータ」を操作して動かします。

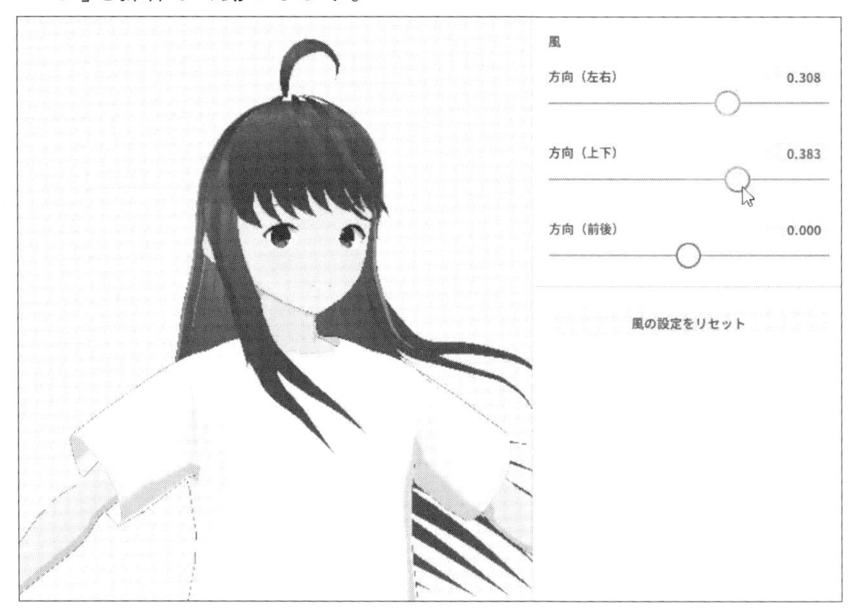


「風パラメータ」を操作すると、モデルが風に吹かれたように動く

問題がなければ、生成完了です。
左上の「×ボタン」で、「カメラモード」を閉じてください。

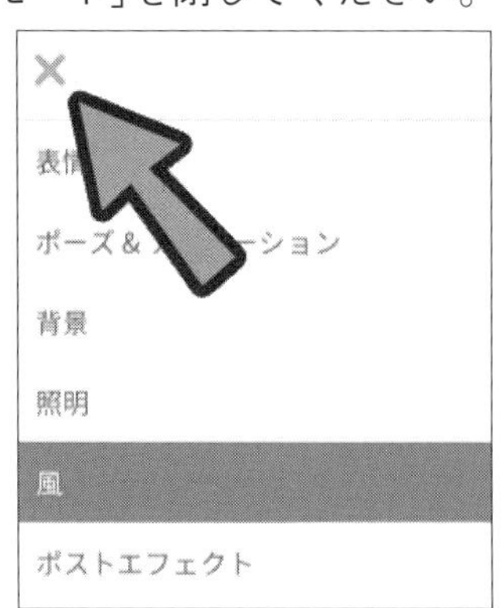


「カメラモード」を閉じる

＊

これで、「揺れ物ボーン」の設定は完了です。

# 2-5 応用：髪の毛でアクセサリを作る

「髪の毛」は、VRoidの唯一のモデリング要素です。
なので、アクセサリ作りに使われます。

ここでは、「カチューシャ」の作り方を紹介します。
イヤリングなどは、これを応用して頑張りましょう。

## 手順　「カチューシャ」の作成

**[1]** 「手描きヘアー」を作ります。

「手描きヘアー」を作る

**[2]** そのままだと、「髪の毛」の片方が切れていますが、これは＜断面形状＞のカーブで直せます。

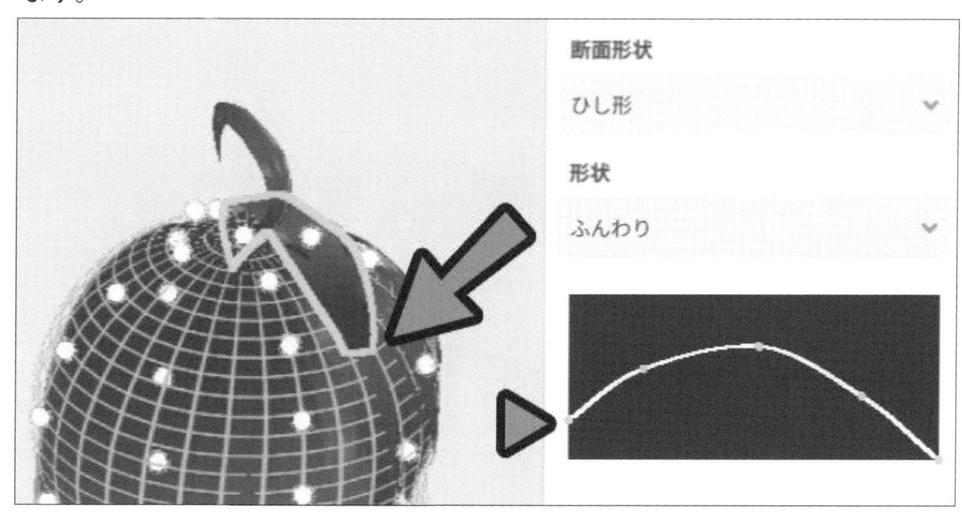


＜断面形状＞のカーブ(図右下)

**[3]** カーブを操作して、「髪の毛」を閉じます。

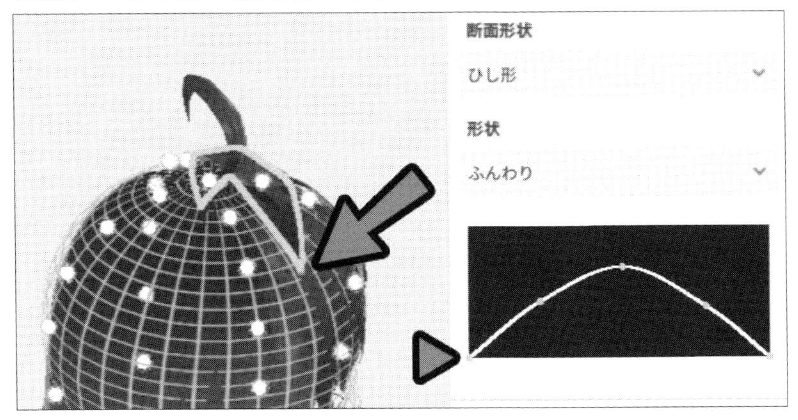


「カーブの左端」を下まで引き下げる

**[4]** 形などを調整。
これで「カチューシャ」の土台が完成です。

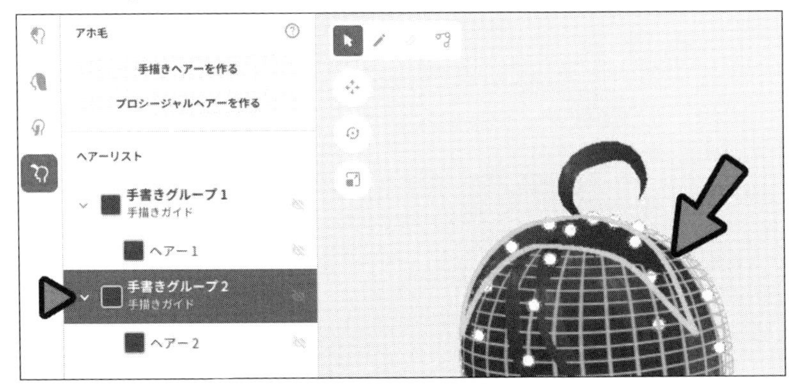


「カチューシャ」の土台が出来た

**[5]** 画面右上、<マテリアル>の「＋ボタン」をクリック。
「新規マテリアル」を追加。

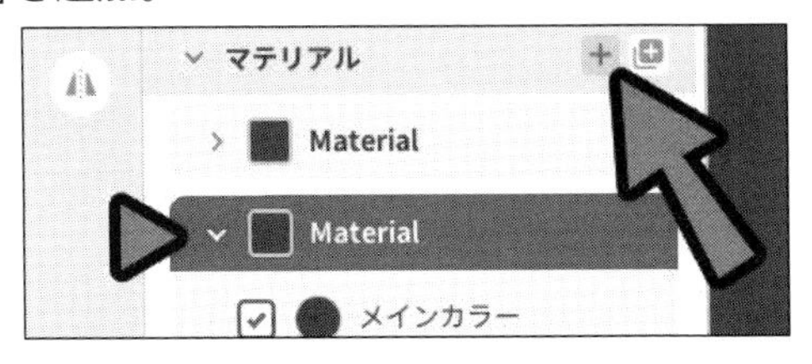


「新規マテリアル」を追加

**[6]** 「カチューシャ」の髪を選択。
作ったマテリアルをクリックして、割り当て。

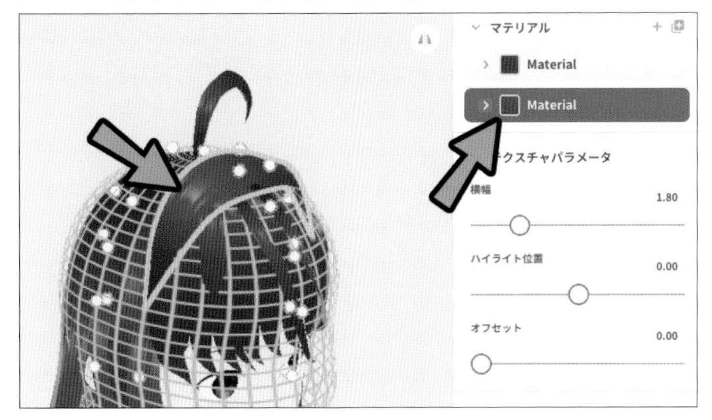


作ったマテリアルをクリック

**[7]** <テクスチャを編集>を選択。

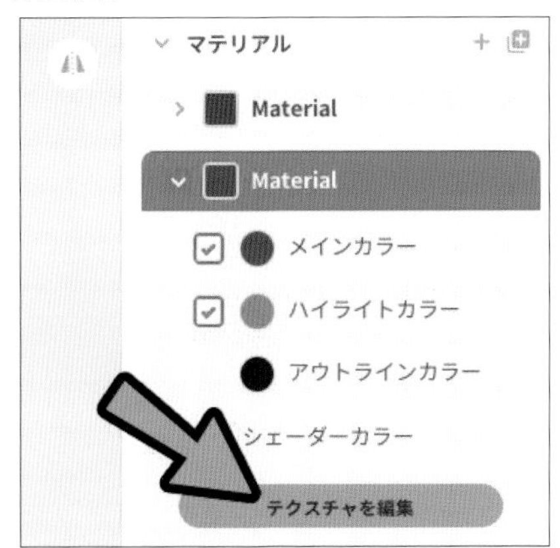


<テクスチャを編集>を選択

**[8]** ここで、模様などを頑張って描きます。
これで「カチューシャ」が完成です。

テクスチャに模様などを描きこむ

個人的には、アクセサリを作り込むなら「Blender」を使ったほうがいいと思うので、解説ではこのぐらいに留めます。

＊

以下は、「VRoid」と「Blender」のそれぞれのメリットです。

**「VRoid」を使うメリット**
・手軽
・VRoid内で完結するなら、素材共有が楽

**「Blender」を使うメリット**
・VRoidより細かく作り込める
・好きな形のメッシュを追加できる
・左右対称をきれいに作れる
・「VRChat」や「Unity」向けのモデルとして販売できる(VRoidだと、VRoid用の商品にしかできない)

＊

ちなみに、マテリアルを使うと、「髪の毛」の一部だけ色を変えることができます(4章で詳述)。

「髪の毛」の一部だけ色を変える

以上が、「髪の毛」でアクセサリを作る方法です。

## 2-6 本章のポイント

本章ではVRoidで「髪の毛」を作る方法を紹介しました。

本章のポイントは、次の通りです。

・「プロシージャルヘアー」でベースの毛を量産
・「手描きヘアー」で細部を作成
・「マテリアル」や「テクスチャ」を調整して色変更
・「髪の毛」はVRoidで唯一のモデリング要素
・「髪の毛」はVRoidではアクセサリ製作に使われる

# 「テクスチャ」を改変する方法

**VRoidの「テクスチャ」を改変する方法を紹介します。**
**まず、「顔」「体型」「衣装」「アクセサリ」で共通して使える方法を紹介し、最後に、少例外的な操作が必要な、「髪の毛」のテクスチャ改変法を紹介。**

## 3-1 「テクスチャ」の編集

この節では、「衣装」の「テクスチャ」を改変します。「テクスチャ」とは、画像で表現されたモデル表面の色です。
「顔」なども、同じ方法で調整できます。

### 手順 「テクスチャ」の編集

**[1]** 「テクスチャ」を変えたい素材を選択。

素材を選択

**[2]** 画面右側で、<テクスチャを編集>を選択。

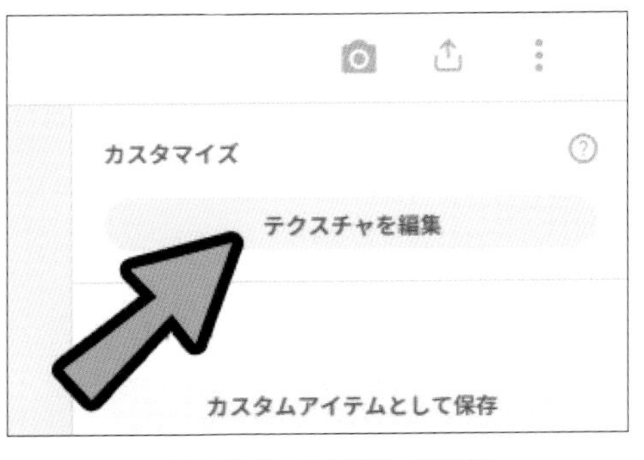

<テクスチャを編集>を選択

**[3]** 「ブラシ」などで、適当に描画を入れます。

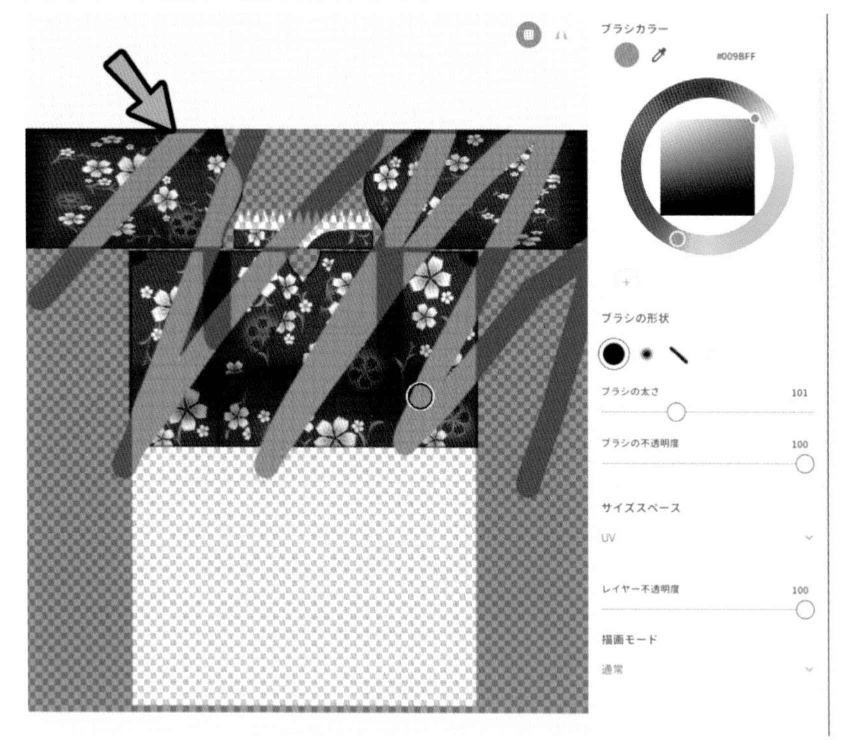


描画を入れる

**[4]** 「右上のボタン」を押すと、左右対称に描画できます。

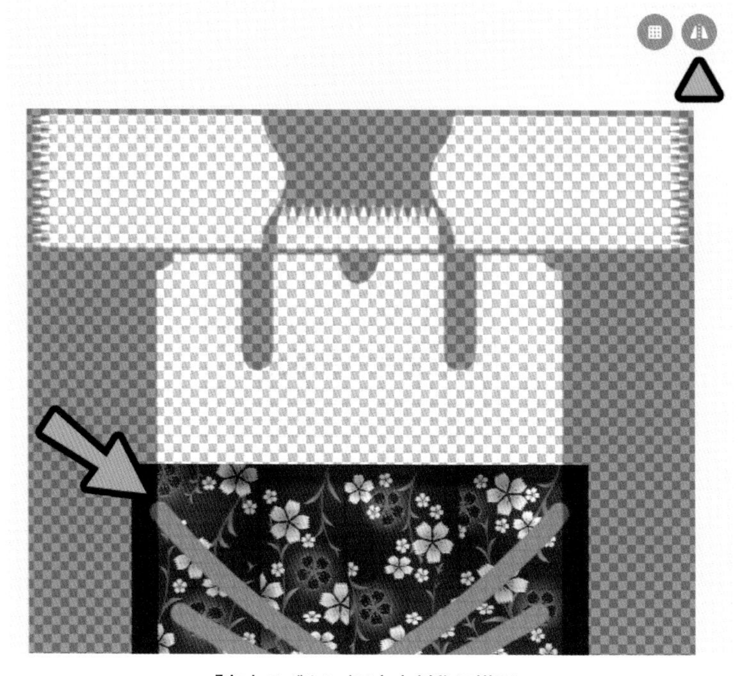

「右上のボタン」で左右対称に描画

3Dモデルのほうには、自動で変更が割り当てられます。

「テクスチャの変更」は、自動でモデルに反映される

以上が「テクスチャ」の編集です。

## ❏「衣装テクスチャ」を編集する上での注意点

VRoidの「衣装」には、特定のテンプレートのモデルがあり、そこに「テクスチャ」で色を塗って表現されています。

なので、「同じテンプレート」を重ね、「透明テクスチャ」を重ねて、「布の重なり」を表現することがあります。

＊

この浴衣は「ロングコート(ハイネック)」という「ベースモデル」を重ねています。

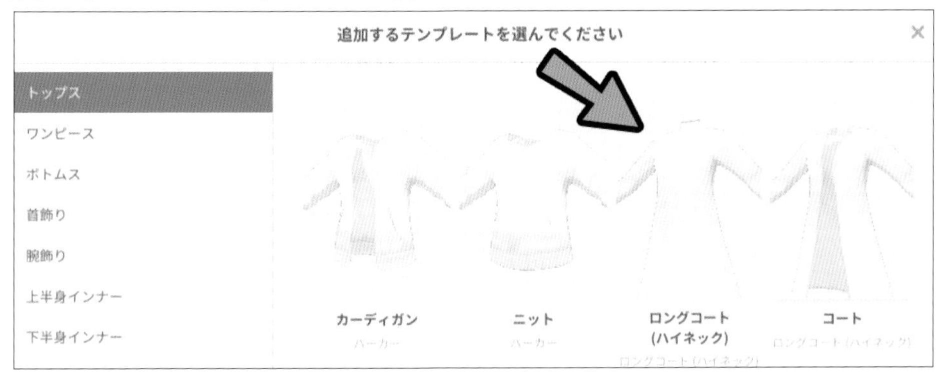


「ロングコート(ハイネック)」を重ねている

ベースモデルの一部を透明化して、「上」と「下」の衣装を分けています。

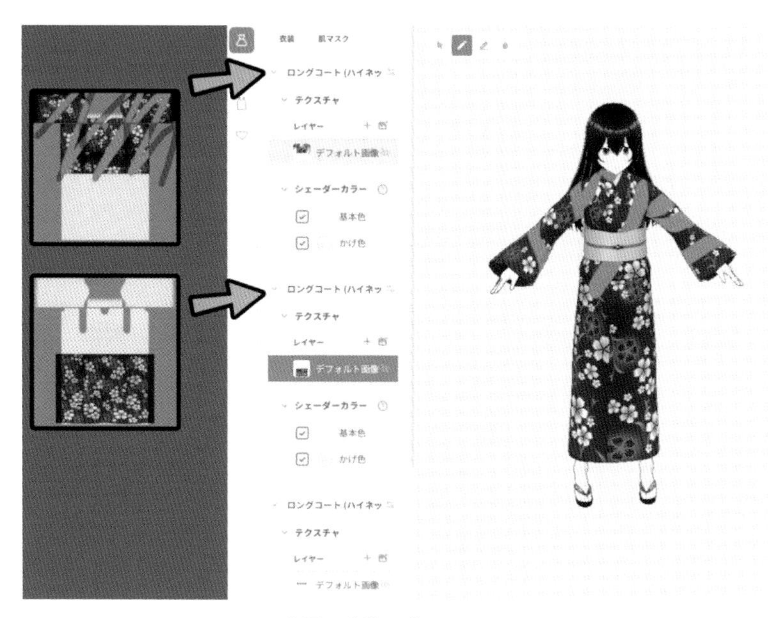


上下の衣装を分けている

また、「下」に「帯の素材」が２つあります。

このように4つの「テンプレート」を重ね、「下→上→帯→リボン」のような「重なり」を表現することがあります。

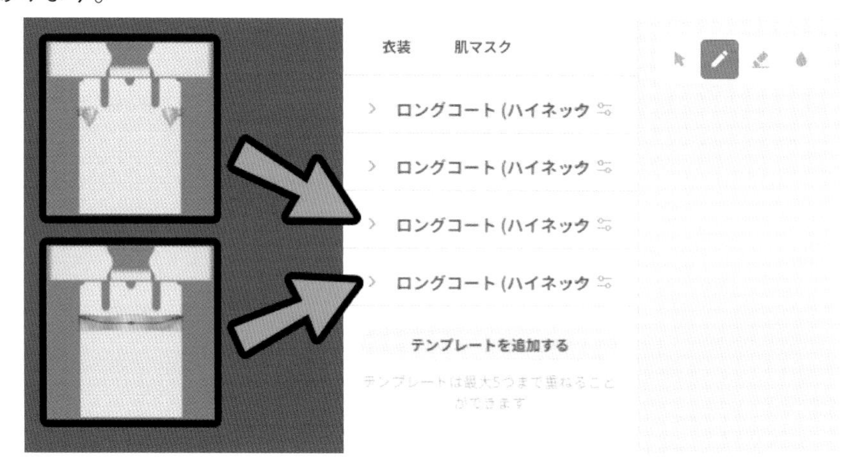


複数の「テンプレート」を重ねて、「衣装の重なり」を表現する

その際、「テクスチャ」は「重なり」の数（最大５つ）だけ生じ、要素によって描かれるものが分かれるので、注意しましょう。

# 3-2 「外部ソフト」で編集する方法

さすがに、VRoid内蔵のブラシで描くだけでは限界があります。
そこで、外部の「ペイントソフト」で「テクスチャ」を編集しましょう。

## 手　順　「テクスチャ」を、外部の「ペイントソフト」で編集

**[1]** テクスチャ編集画面→<テクスチャ>を右クリックして、<エクスポート>を選択。

テクスチャ編集画面→<テクスチャ>→<エクスポート>

**[2]** もう一度右クリックして、<ガイドをエクスポート>を選択。

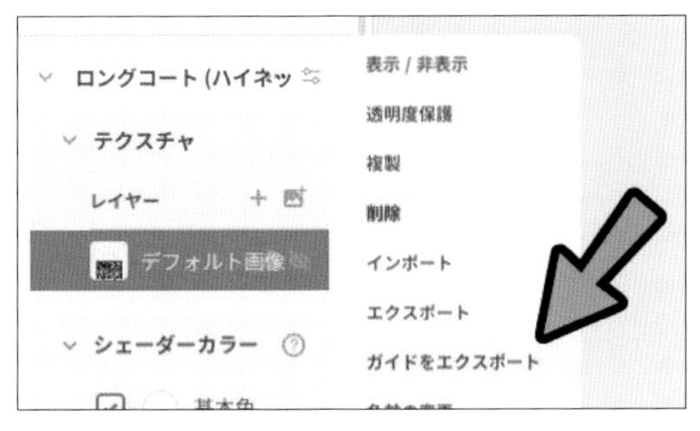


<ガイドをエクスポート>を選択

**[3]** 任意の「ペイントソフト」を開いて、ここに「テクスチャ」→「ガイド」の順にレイヤーを重ねます。

あとは、頑張って「お絵描き」をしましょう。

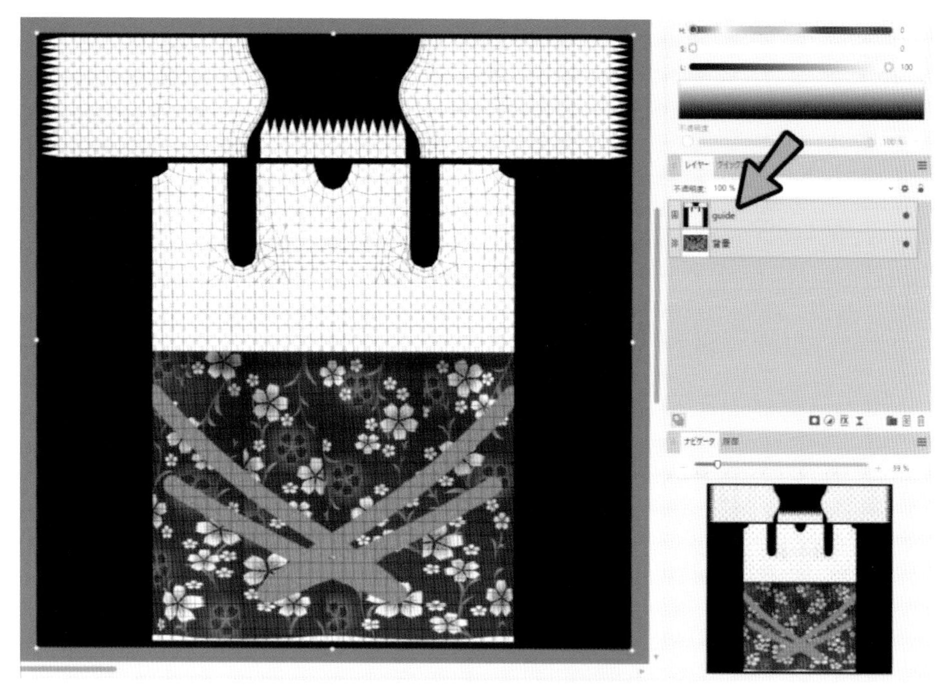

レイヤーは「テクスチャ」→「ガイド」の順に重ねる

※「ペイントソフト」がない方は、下記Webページなどをご覧のうえ、導入してください。
おすすめ2Dペイントソフトの紹介
https://signyamo.blog/2d_paint_soft/

外部の「ペイントソフト」を使えば、以下のような「模様素材」が扱えます。

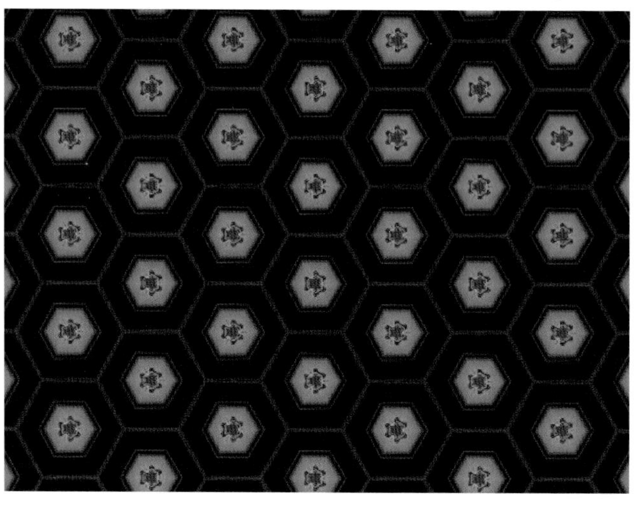

「マンダラ」の模様素材
(https://pixabay.com/images/id-1996636/)

**[4]** 「クリッピング・マスク」という方法を使い、元の素材に合わせて配置。

※ソフトごとに操作方法が違うので、各自で調べてください。

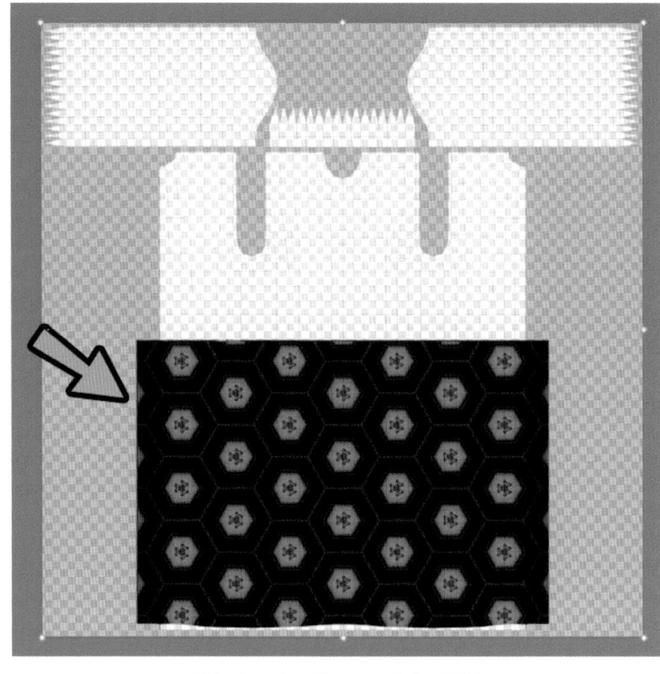

「クリッピング・マスク」で配置

**[5]** これを「.png」で保存し、VRoidに読み込むと模様が入ります。

以上が、外部ソフトで「テクスチャ」を編集する方法です。

## 3-3 「テクスチャ」の読み込み

「VRoid」に戻って、編集した「テクスチャ」を読み込みます。

### 手　順　「テクスチャ」の読み込み

**[1]** 「テクスチャ素材」を右クリックして、<インポート>を選択。

<インポート>を選択

**[2]** 先ほど編集した「.png素材」を選択して、＜開く＞で読み込み。

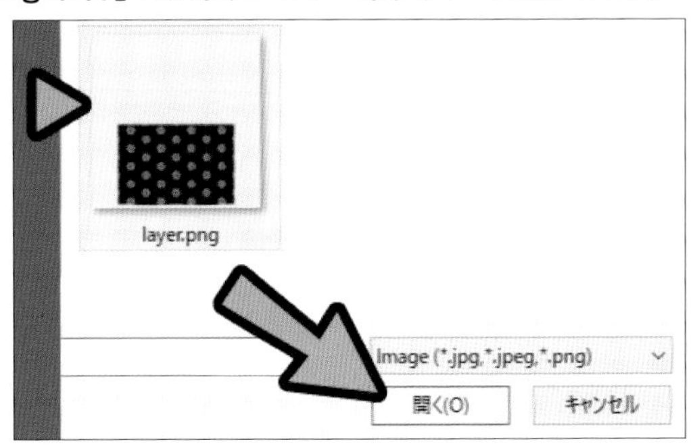


「.png素材」を選択して＜開く＞

**[3]** すると、外部の「ペイントソフト」で作った「素材」が読み込まれます。

「素材」が読み込まれた

---

＊

以上で、「テクスチャの読み込み」は完了です。

ちなみに、この「青色」の「ハミ出し」は、別の「テンプレート」で描いた「テクスチャ」が「ハミ出し」ているだけです。

「上」の衣装の「テクスチャ」がハミ出している

# 3-4 改変したVRoid素材の保存

「テクスチャの改変」が終わったら、画面右上の「×ボタン」を選択。

「×ボタン」を押す

ここで編集した素材にチェック。
<新規アイテムとして保存>or<上書き保存>します。

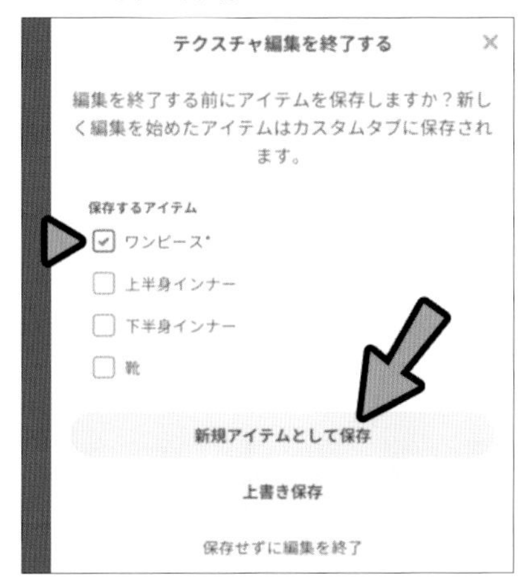


保存形式を選ぶ

すると、改変した「テクスチャ」が素材として保存されます。

「改変テクスチャ」が保存された

「最初からあった素材」はプリセットにあります。
また、「ユーザーが追加した素材」はカスタムに入ります。

作った素材を呼び出す際には、＜カスタム＞をクリックしてください。

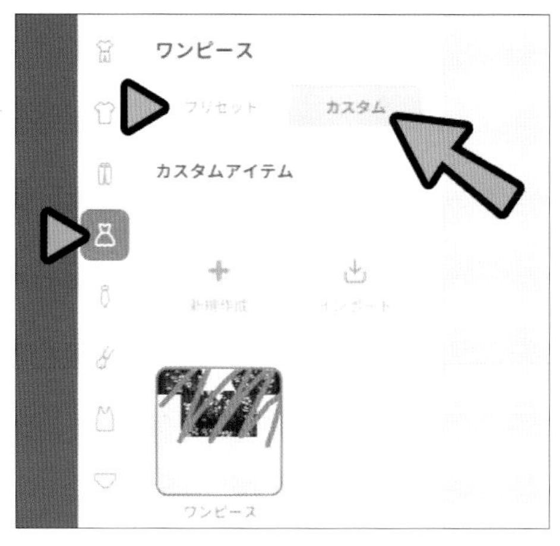


「ユーザーが追加した素材」を呼び出すには＜カスタム＞をクリック

| ※「VRoid」はモデリングができないので、「テクスチャ＝衣装」という扱いになります。 |
|---|

＊

不要になった素材は、右クリック→＜削除する＞で消せます。

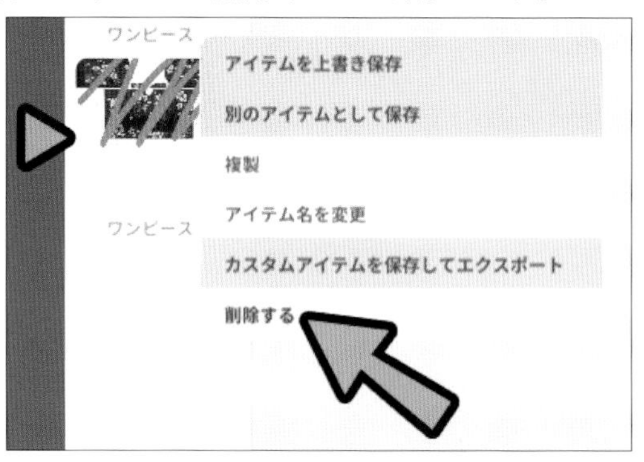


＜削除する＞で素材を消去できる

＊

以上で、「改変したVRoid素材の保存」が完了しました。

# 3-5 素材の書き出し＋読み込み

「素材の書き出し」は、素材を右クリック→＜カスタムアイテムを保存してエクスポート＞を選択。

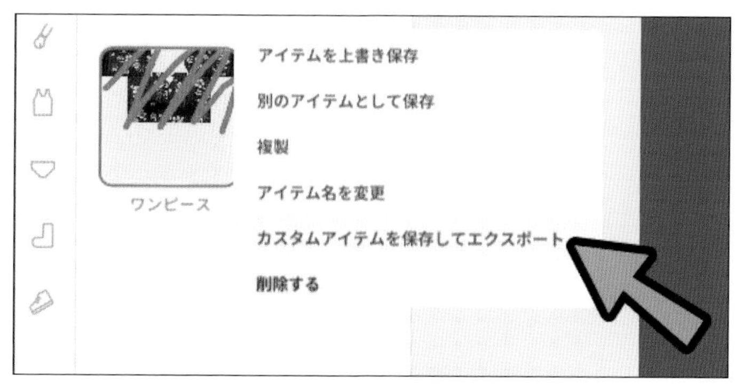


＜カスタムアイテムを保存してエクスポート＞を選択

「読み込み」は、任意の素材をクリック。

＜カスタム＞を選択し、＜インポート＞→書き出した素材を選択します。

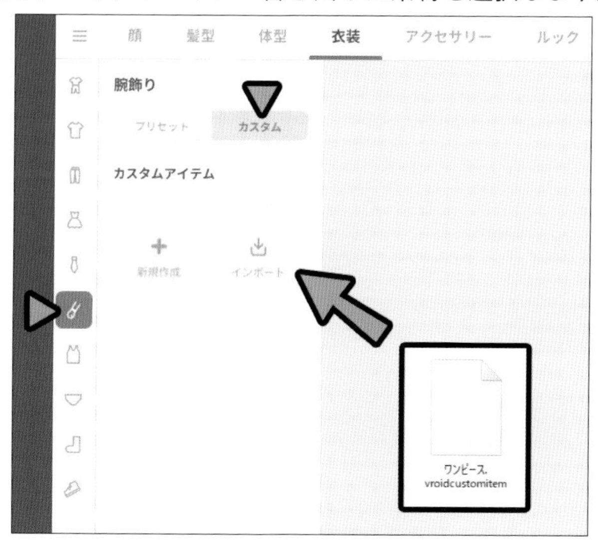


＜インポート＞から素材を選択

すると、素材を読み込めます。

＊

「腕飾り」などの間違った場所でインポートしても、自動で正しい場所(この場合は「ワンピース」)に入ります。

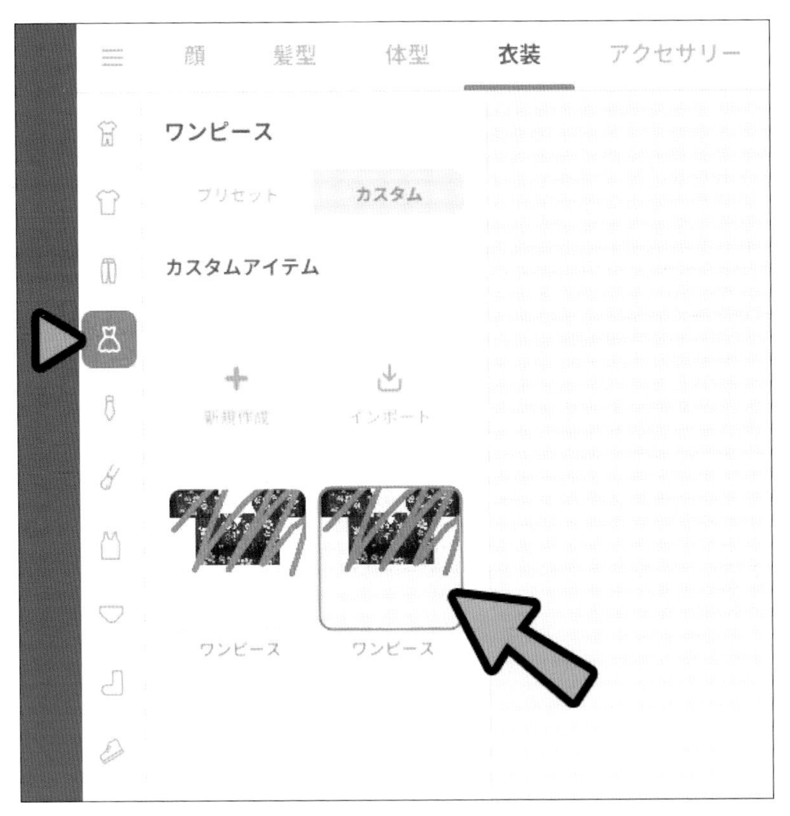


どの部位にインポートしても自動で「その素材が入るべき部位」にインポートされる

＊

以上が、「素材の書き出し」と「読み込み」です。

# 3-6 「髪の毛テクスチャ」の編集

「髪の毛」は少し特殊です。

## 手　順　「髪の毛テクスチャ」の編集画面を表示させる

**【1】** 「髪の毛」は選択しても、右側に<テクスチャの編集>が出ません。

「髪の毛テクスチャ」を編集する場合は、<髪型を編集>を選択。

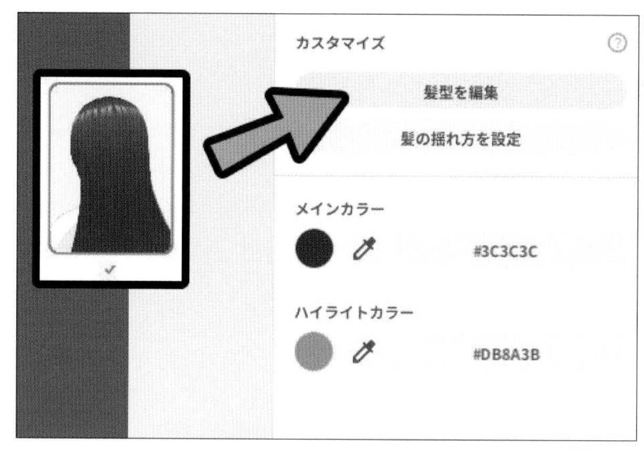


<髪型を編集>を選択

**【2】** 左側の<ヘアーリスト>から、何でもいいので「グループ」を選択。

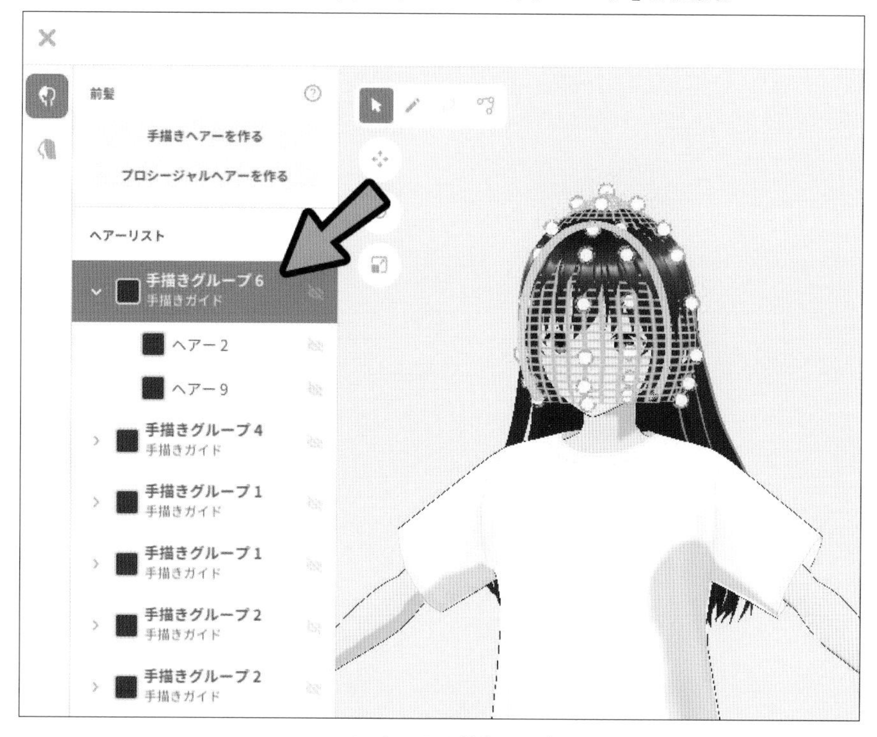


<ヘアーリスト>から「グループ」を選択

[3] 右側で<Material>を開きます。

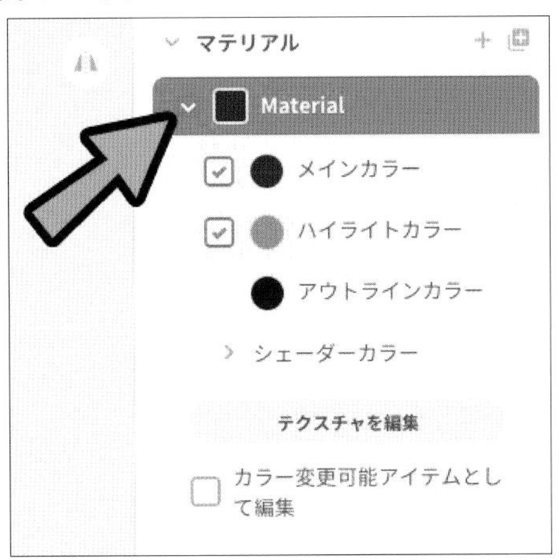


<Material>を開く

[4] ここの<メインカラー>を操作すると、「テクスチャ」の色が変わります。
この「色が変わったところ」が、「テクスチャ編集で影響を受ける範囲」です。

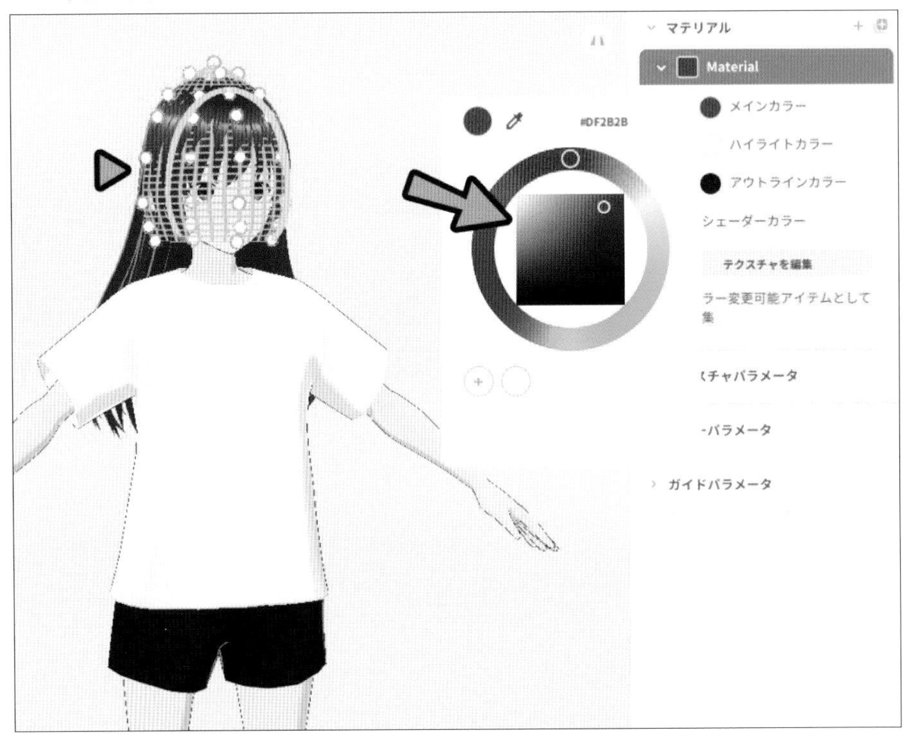


中央の「四角」や「円」の上でマウスを動かして、「テクスチャ」の色を変更

※基本的に、髪のマテリアルは全体に統一されています。
しかし、意図的に割り当てを変えて「一部分だけ色が違う」表現もできます。
詳細は次章で解説。

**[5]** <メインカラー>と<ハイライトカラー>を編集します。
ここが、テクスチャの色として固定されます。
慎重に設定してください。

<メインカラー>と<ハイライトカラー>を編集

**[6]** 色が決まったら、<マテリアル>の中の<テクスチャ編集>をクリック。

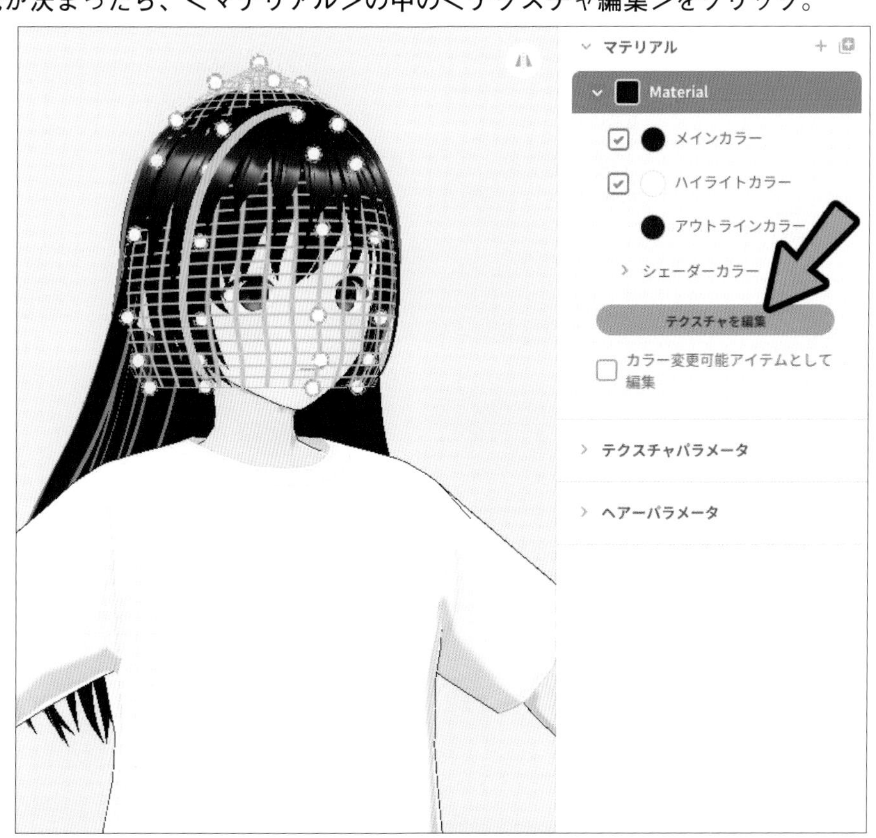


<テクスチャ編集>をクリック

これで、「髪の毛」のテクスチャ編集画面が出てきます。

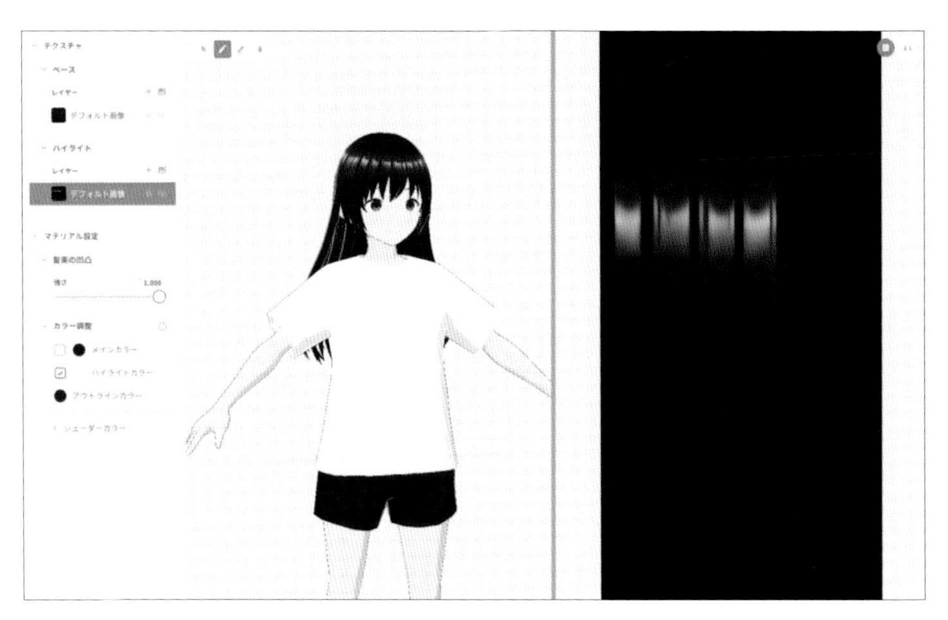

「髪の毛」のテクスチャ編集画面が表示される

＊

VRoidの「髪の毛テクスチャ」は、以下の２つに分かれています。

・ベース（下地の色）
・ハイライト（光沢）

確認すると、先ほど設定した、「メインカラー」と「ハイライトカラー」の色が反映されています。

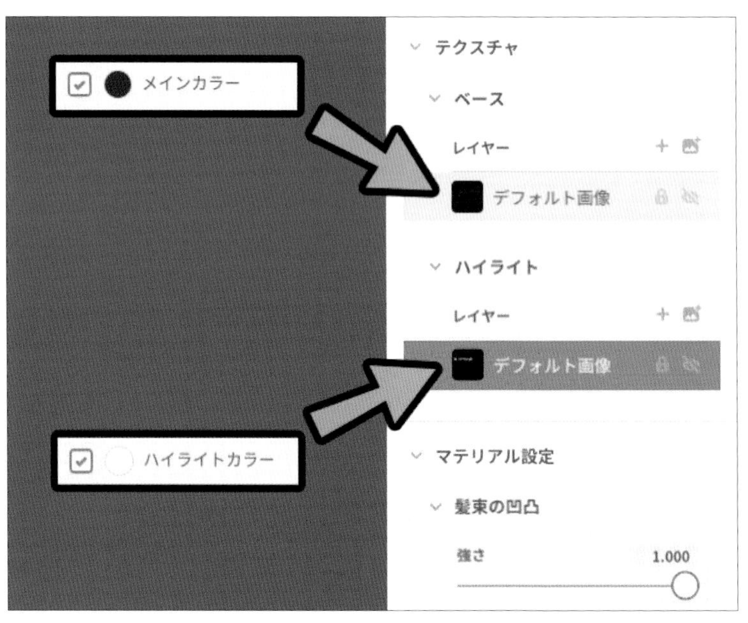


「メインカラー」と「ハイライトカラー」の色が反映されている

＊

「ベース」か「ハイライト」のテクスチャを編集すると、色が変わります。

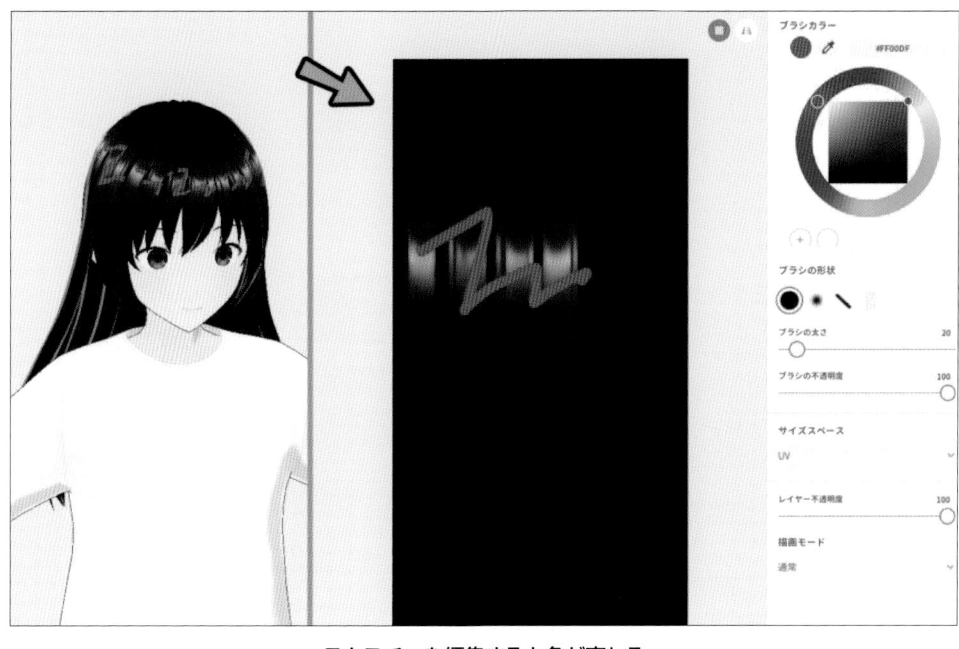


テクスチャを編集すると色が変わる

より細かく調整したい方は、＜エクスポート＞で書き出し。

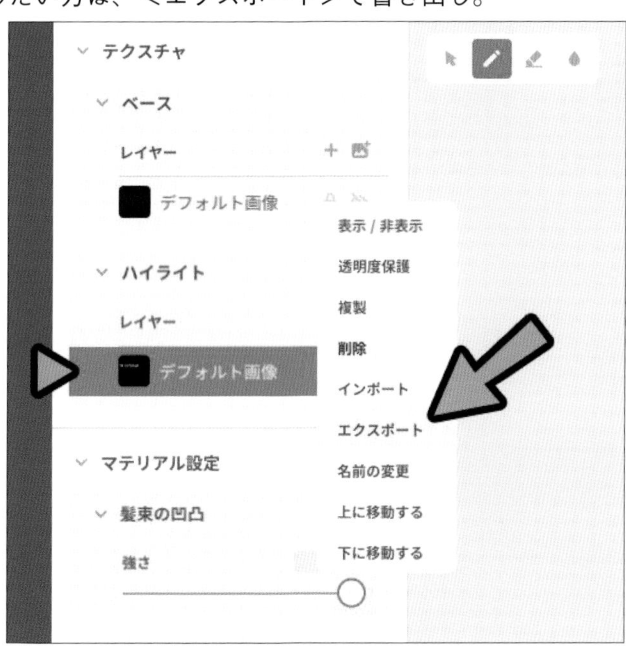


＜エクスポート＞で書き出し

任意の「ペイントソフト」でテクスチャを加筆修正して、「.png形式」で保存。

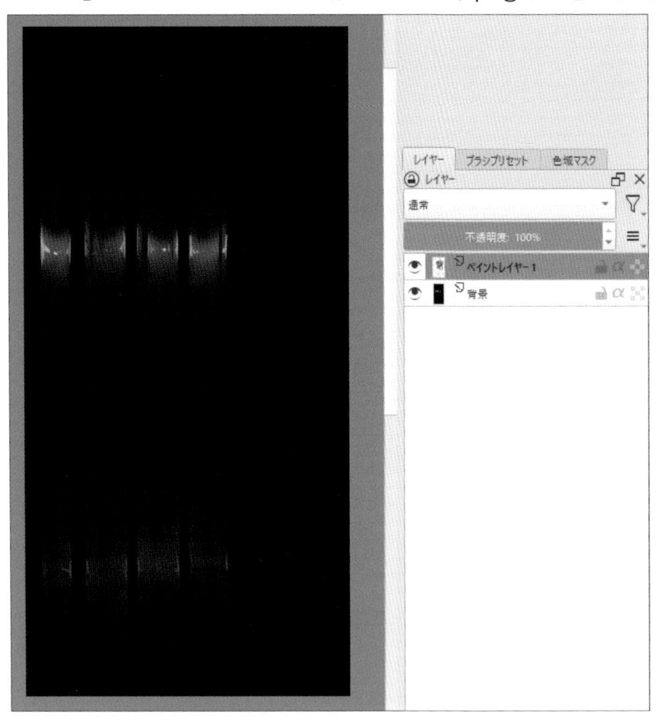


加筆修正して、「.png形式」で保存

そして、＜インポート＞で読み込みます。

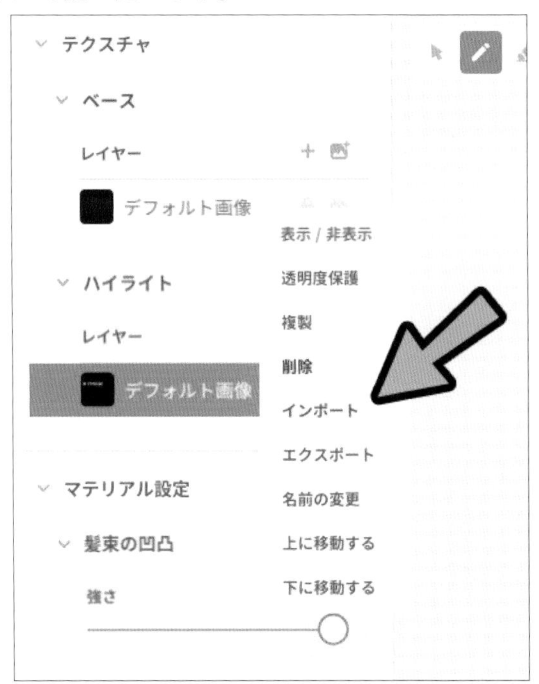


＜インポート＞で読み込み

これで、「髪の毛」のテクスチャを編集できます。

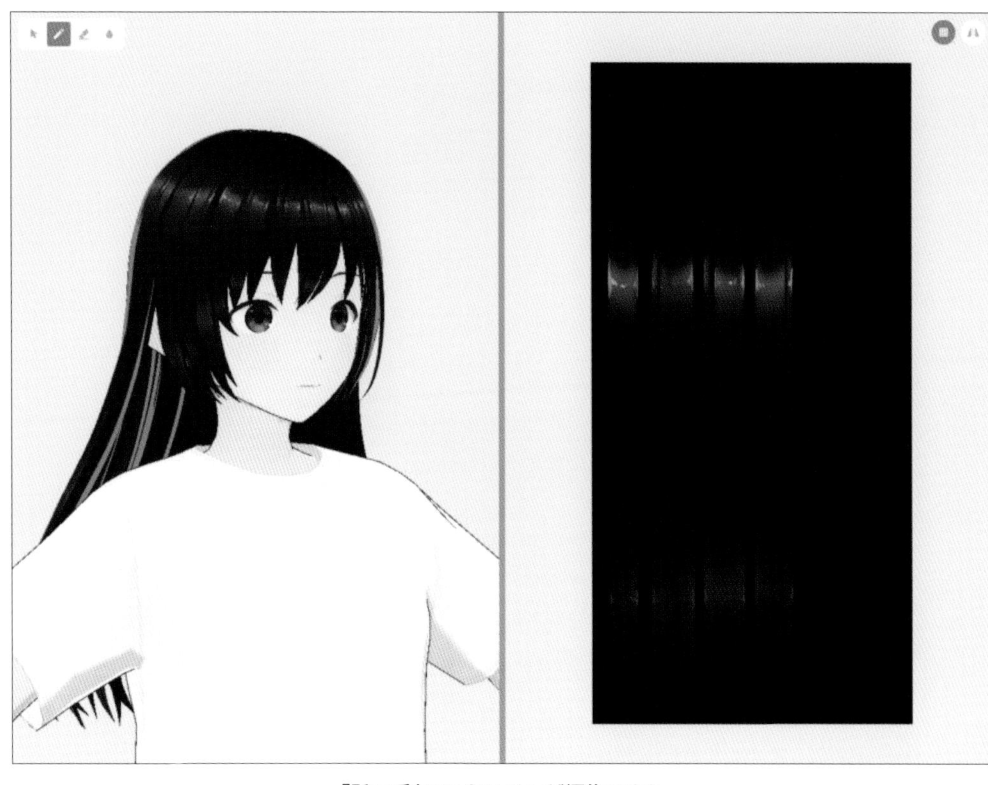

「髪の毛」のテクスチャが編集できた

＊

テクスチャ編集が終わったら、画面左上の「×ボタン」をクリックしましょう。

「×ボタン」をクリック

すると、髪型の編集画面に戻ります。
ここでもう一度、画面左上の「×ボタン」をクリック。

もう一度、「×ボタン」をクリック

髪型に変更を加えてない場合、何もチェックせずに<新規アイテムとして保存>を選択。

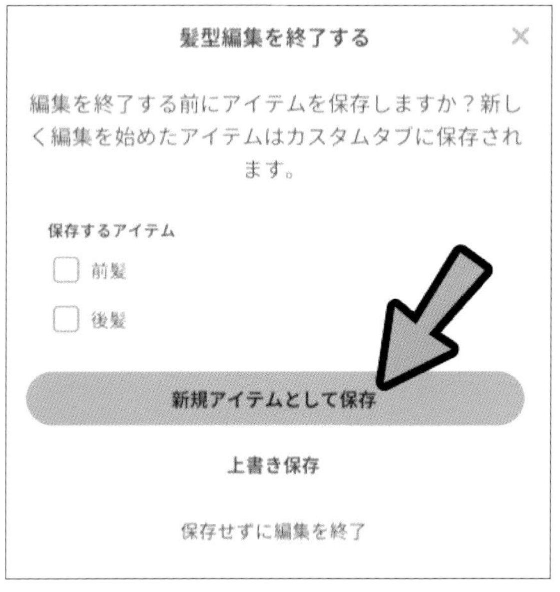


<新規アイテムとして保存>を選択

これで、髪の毛のテクスチャを保存できます。

> **Column　<マテリアル>の中の<カラー変更可能アイテムとして編集>について**
>
> <カラー変更可能アイテムとして編集>は、基本的にチェックなしでも大丈夫です。
> これは、テクスチャ画面で色を変えられるようになる機能のようですが、バグなのか、チェックしなくても色が変わります。
>
> 詳細は、VRoid公式サイトのヘルプ「カラー調整機能について詳しく知りたい」の記事を参照してください。
>
> 「髪の毛」テクスチャの挙動はややこしいので、細かいところは、「ペイントソフト」で編集したほうが早いです。

## 3-7 本章のポイント

本章では、VRoidの「テクスチャ」を改変する方法を紹介しました。

以下が本章のポイントです。

- **髪の毛以外は素材を選択→画面右側の<テクスチャの編集>を使う**
- **髪の毛は<髪型を編集>→<マテリアル>からテクスチャを編集**
- **インポート/エクスポートすると、外部のペイントソフトで編集可能**
- **衣装の「テクスチャ」は最大5層になっていることがある**
- **衣装には「テンプレートモデル」があり、そこに「テクスチャ」を描いている**
- **VRoidはモデリングできないので、「テクスチャ」と「テンプレートモデル」を重ねて衣装を作っている**

# 第4章

# 「髪の毛」の一部だけ色を変える

本章では、「髪の毛」の一部だけ色を変える方法を紹介します。

## 4-1 1ヶ所だけ「毛の色」を変える

「ヘアー」の1つだけを選択して、色を変えることができます。

### 手順 1ヶ所だけ毛の色を変える

**[1]** ＜髪型＞→＜前髪＞などをクリックして、使っている素材を選択。

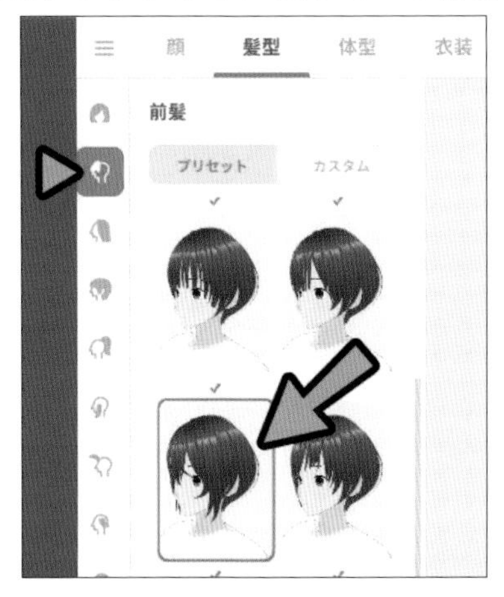


素材を選択

**[2]** 画面右上の＜髪型を編集＞を選択。

＜髪型を編集＞を選択

**[3]** <選択>で、色を変えたい「髪の毛」をクリック。
すると、<ヘアーリスト>に、その「髪の毛」が表示されます。

クリックした「髪の毛」(この場合は「ヘアー4」)が<ヘアーリスト>に表示される

**[4]** 右上の<マテリアル>を確認。
すると、髪に使われているマテリアルが青く表示されます。
こちらを右クリック→<マテリアルの複製>を選択。

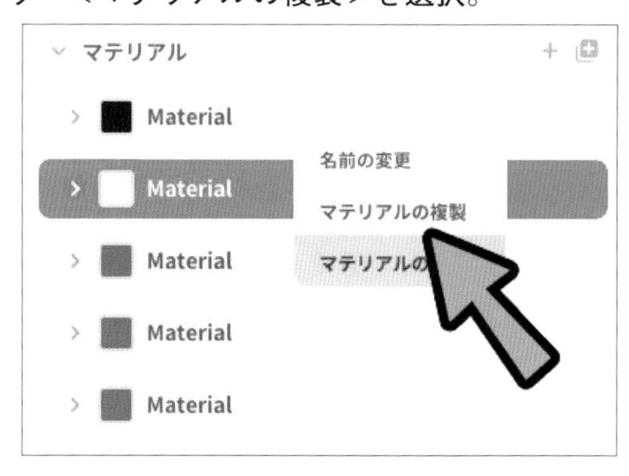


<マテリアルの複製>を選択

**[5]** 複製した<Material>は、いちばん下に生成されます。
こちらをクリックして選択。

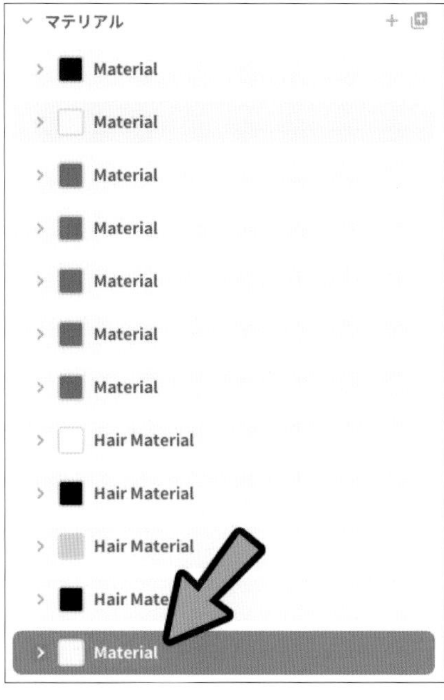


複製した<Material>をクリック

**[6]** <Material>をクリックで開き、<メインカラー>で色を変えます。

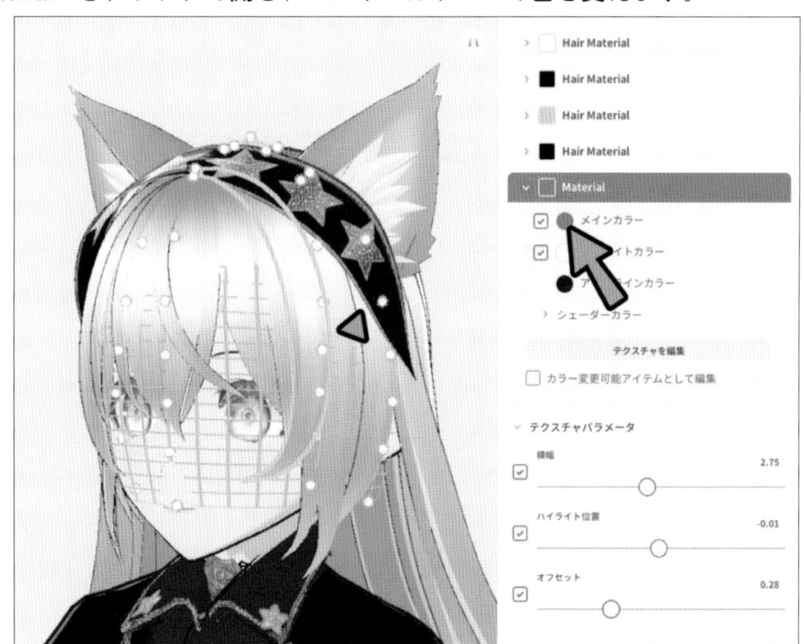


<メインカラー>で色を変える

＊

これで、1か所だけ色を変える処理が完了です。

「髪の毛」の一部だけ色が変わった

次節の工程で、より細かく色味を調整します。

## 4-2 色を調整する

使っているマテリアルの「メインカラー」と「ハイライトカラー」を調整。
その後、テクスチャ編集をクリック。

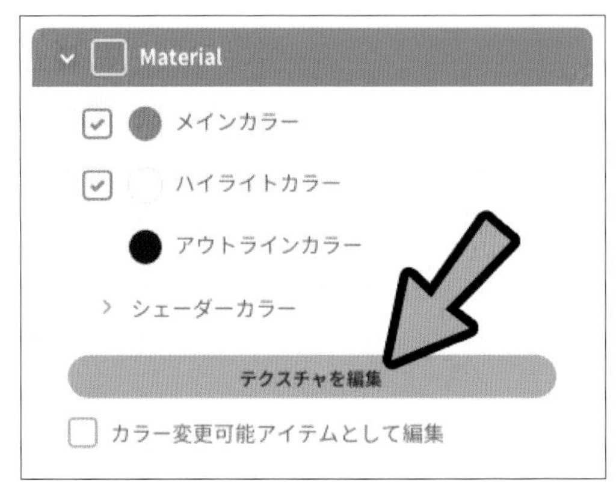


<テクスチャを編集>をクリック

画面左下の<カラー調整>を開きます。
「変えたい色」にチェックを入れて、色を変更し、色味を調整。

<カラー調整>から色と色味を操作

＊

これ以上細かく調整したい方は、テクスチャを描いてください。

**3章**で解説した通り、テクスチャを描く＝絵を描いて色味を表現する方法です。

テクスチャを編集する（詳細は3章2節を参照）

＊

「色味の調整」が終わったら、右上の「×ボタン」で閉じます。

「×ボタン」をクリック

これで、「色の調整」が完了です。

色を調整できた

# 4-3 他の毛の色も変える

<選択>で、色を変えたい毛をクリック。
すると、その毛が選択されます。

色を変えたい毛を選択

画面右の<マテリアル>で、先ほど作成した「色を変えた毛マテリアル」を選択。
これで色が変わります。

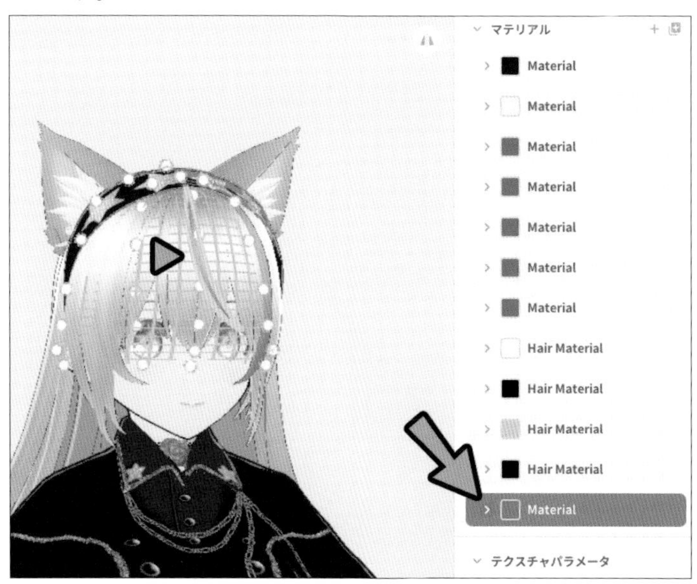


先ほど色を変えた毛と同じ色になった

＊

選択できない場合は、<後髪>などに素材を切り替えて、この状態でもう一度クリックして選択してみましょう。

選択できない場合は、素材を切り替えてもう一度クリック

## ❏「インナーカラー」を作る

「内側の毛」が入ったグループをクリックします。

「内側の毛」が含まれるグループを選択

この状態で「マテリアル」を変更。
すると、グループ内の毛をまとめて色変更できます。

グループ内の毛がまとめて色変更される

これで、「インナーカラー」を表現できます。

「インナーカラー」を入れることができた

元に戻す場合は、「元の毛のマテリアル」を再度割り当てます。

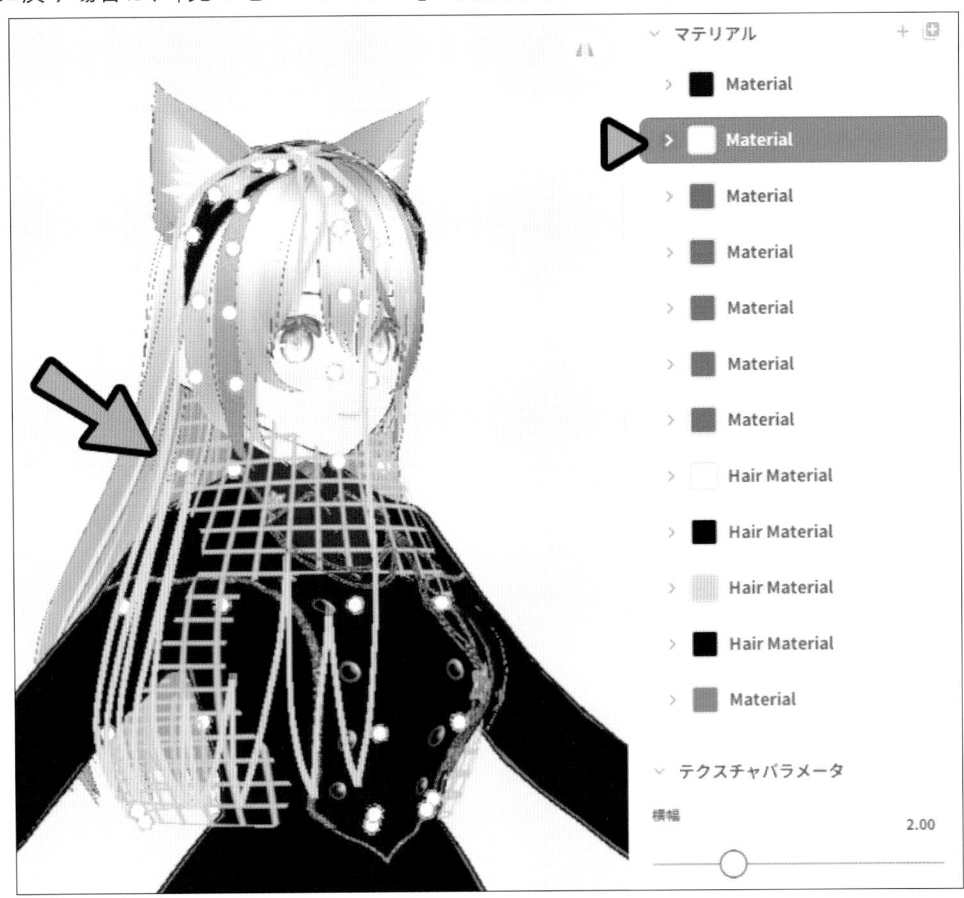


「元の毛のマテリアル」を割り当てる

これで、「他の毛の色を変える処理」は完了です。

## 4-4 保存する

「髪の毛」の設定が終わったら、画面左上の「×ボタン」をクリック。

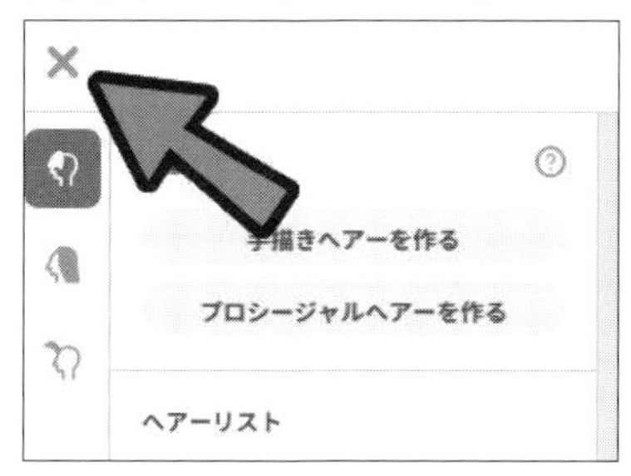


「×ボタン」をクリック

<新規アイテムとして保存>もしくは<上書き保存>を選択。

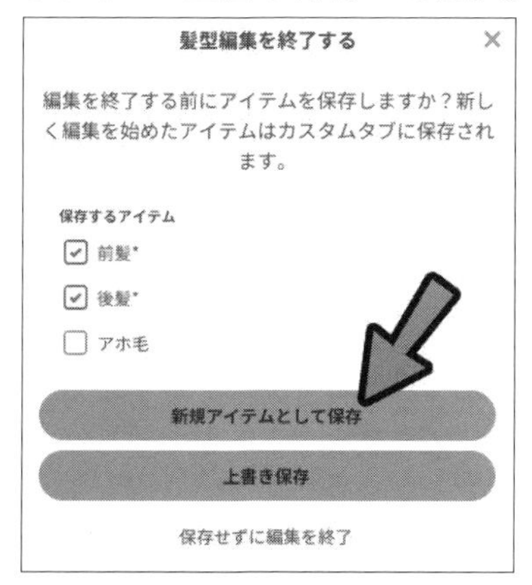


保存方法を選択

これで、部分だけ色を変えた毛を保存できます。

色を変更した髪の毛を保存

# 4-5 本章のポイント

本章では、VRoidで「髪の毛」の一部だけ色を変える方法を紹介しました。

＊

以下、本章のポイントです。

- 髪素材を選択→<髪型を編集>をクリックして編集開始
- 「選択モード」で色を変えたい毛を選択
- 色違いの毛は、既存の毛の「マテリアル」を複製し、色を変えて作る
- あとは、色を変えたい毛に色違いの「マテリアル」を割り当てる
- 毛のグループを使えば、一気に色変更が可能

# 第5章

# 素材を読み込み、設定する

VRoidで素材を読み込み、「3Dモデル」に割り当てる方法を解説します。

## 5-1 配布素材を探す

素材は「Booth」などから採取します。

こちらのページにアクセス。

> VRoidに関する人気の同人グッズ30871点を通販できる! - BOOTH
> https://booth.pm/ja/search/VRoid

右上の＜絞り込み＞をクリックしましょう。

＜絞り込み＞をクリック

＜価格＞の最大値を「0」に設定→＜絞り込む＞を選択。
これで無料の素材だけを表示できます(実験目的なので無料素材を中心に使います)。

＜絞り込む＞を選択

## ❏VRoidで「Booth」を開く

VRoidで素材を選択して、<さらにアイテムを探す>をクリック。

すると、<Boothを見る>で「Booth」を開くことができます。
VRoidから「Booth」を開くこともできます。

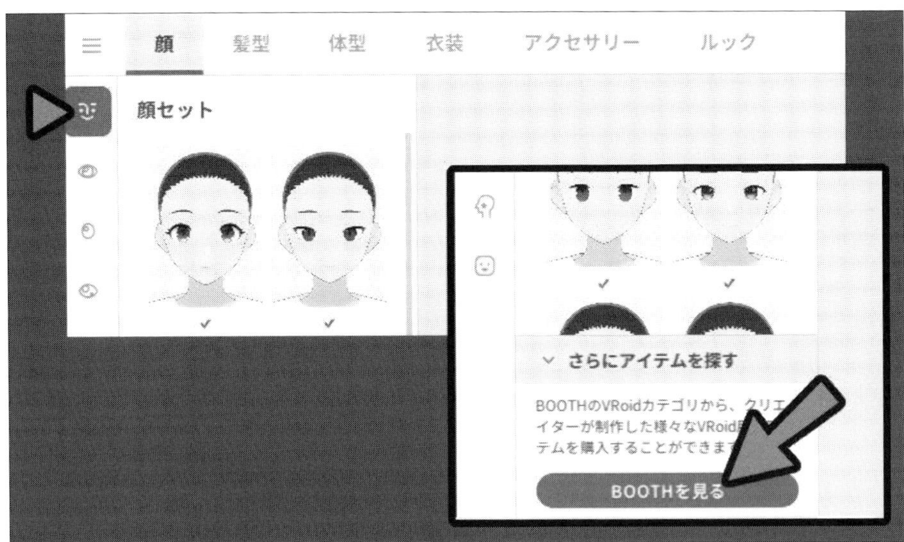


「Booth」を開く

VRoidで開いた場合は、すでに「検索条件」でその素材の要素が割り当てられています。

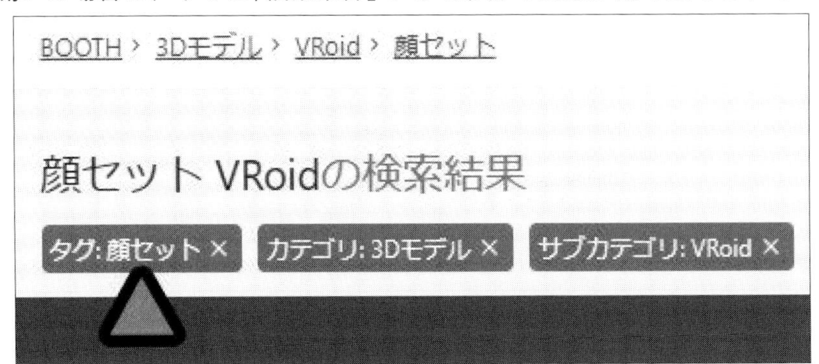


Vroidで開くと、絞り込みがかけられた状態で検索できる

＊

ピンポイントで"ここの素材"と探すなら、こちらのやり方がお勧めです。

> ※素材はそれぞれ異なる「利用規約」があるので、使う際には、念入りに1つ1つ規約を確認してください。

# 5-2 配布素材の読み込み

まず、簡単な「目」や「髪の毛」などの「テクスチャ素材」を読み込みます。

VRoidは、「衣装」と「髪の毛」以外のテクスチャは、ほぼ同じ方法で読み込めます。

なので、ここでは「顔」「体型」「アクセサリ」を、「一般的なテクスチャ」とまとめて紹介します。

その後、「髪の毛テクスチャを読み込む方法」を個別で紹介。
そして最後に、「衣装」を別パートに分けて解説します。

## ❏一般的なテクスチャの読み込み

こちらのページにアクセスします。

製品名：VRoidstudio（正式版対応）瞳15色＋白目＋まつ毛のテクスチャー
ショップ名：yukinoa
製作者：ユキノア
https://booth.pm/ja/items/3675333

素材をDL→zipを展開。

中身を見ると、3つの素材が入っています。

- i（1~15）.png＝目の素材
- matuge.png＝アイラインの素材
- siro.png＝白目の素材

こちらを、割り当てていきます。

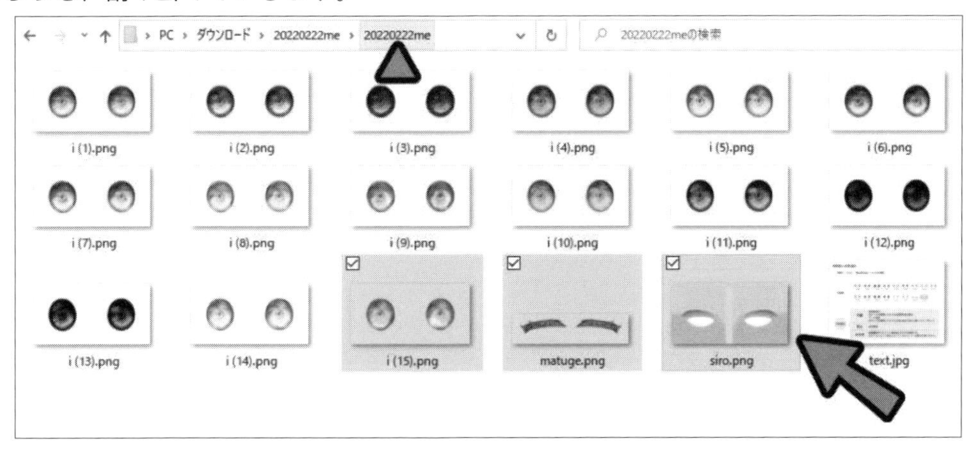


封入されている「目の素材」（2023年3月時点）

<顔>→<瞳>→任意の「目の素材」を選択。

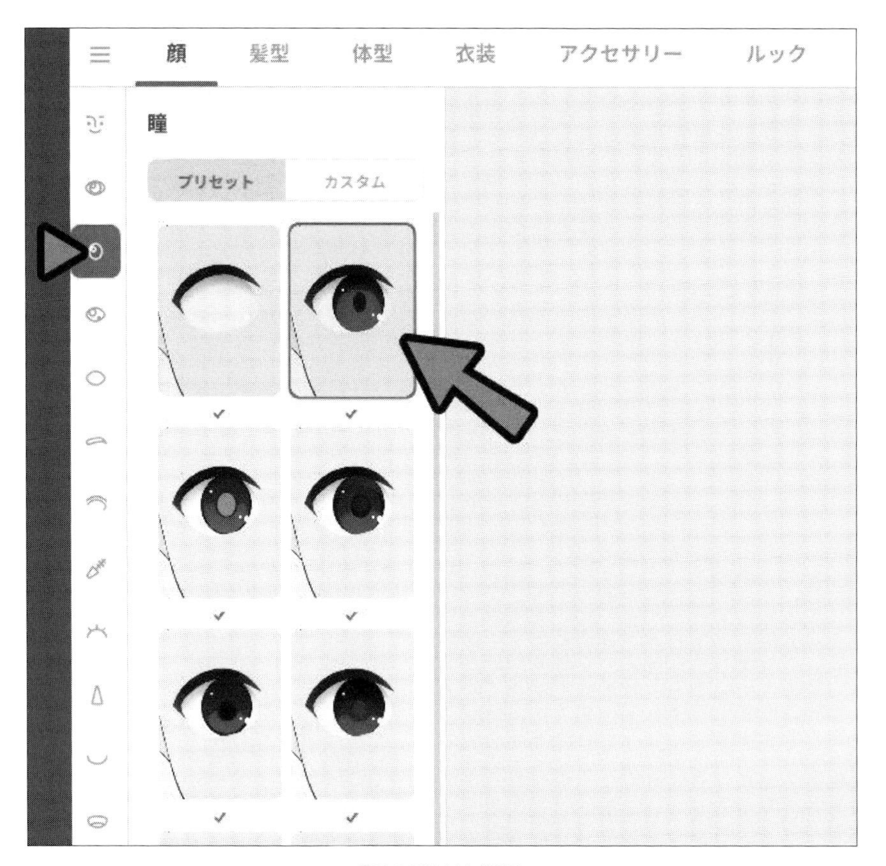


「目の素材」を選択

画面右側の<テクスチャを編集>を選択。

<テクスチャを編集>を選択

画面左側のテクスチャを右クリック。

<インポート>を選択。

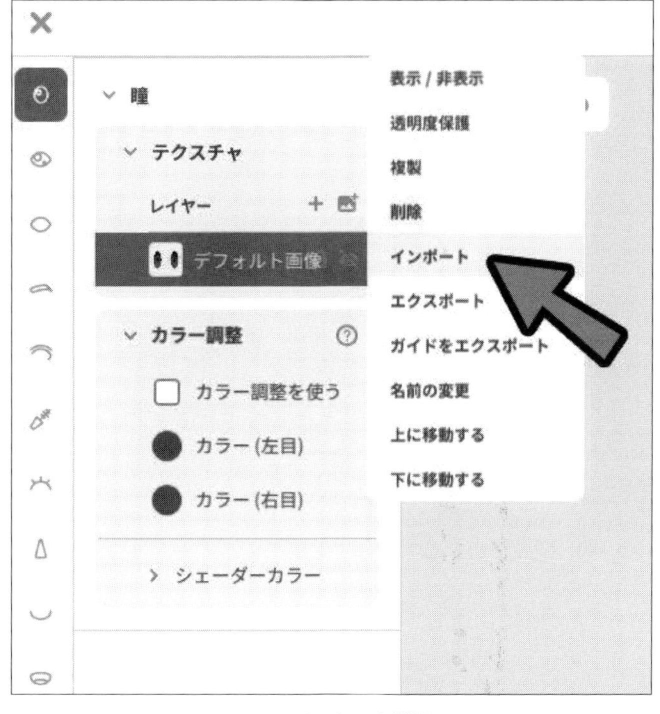


<インポート>を選択

「i (1~15)」の素材を選択して、<開く>をクリック。

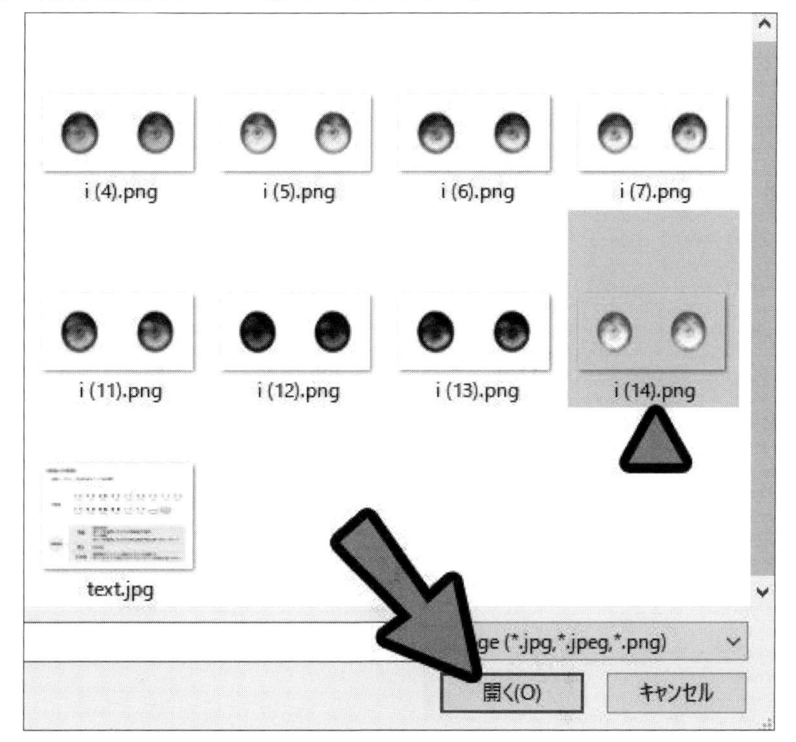


<開く>をクリック

これで、素材を読み込めます。

瞳の読み込みが完了した

＊

次は<白目>を選択します。

同様に、<テクスチャ>→<インポート>で素材を読み込み。

「白目の素材」を読み込む

＊

最後に、<アイライン>を選択。

同様に、<テクスチャ>→<インポート>で素材を読み込みます。

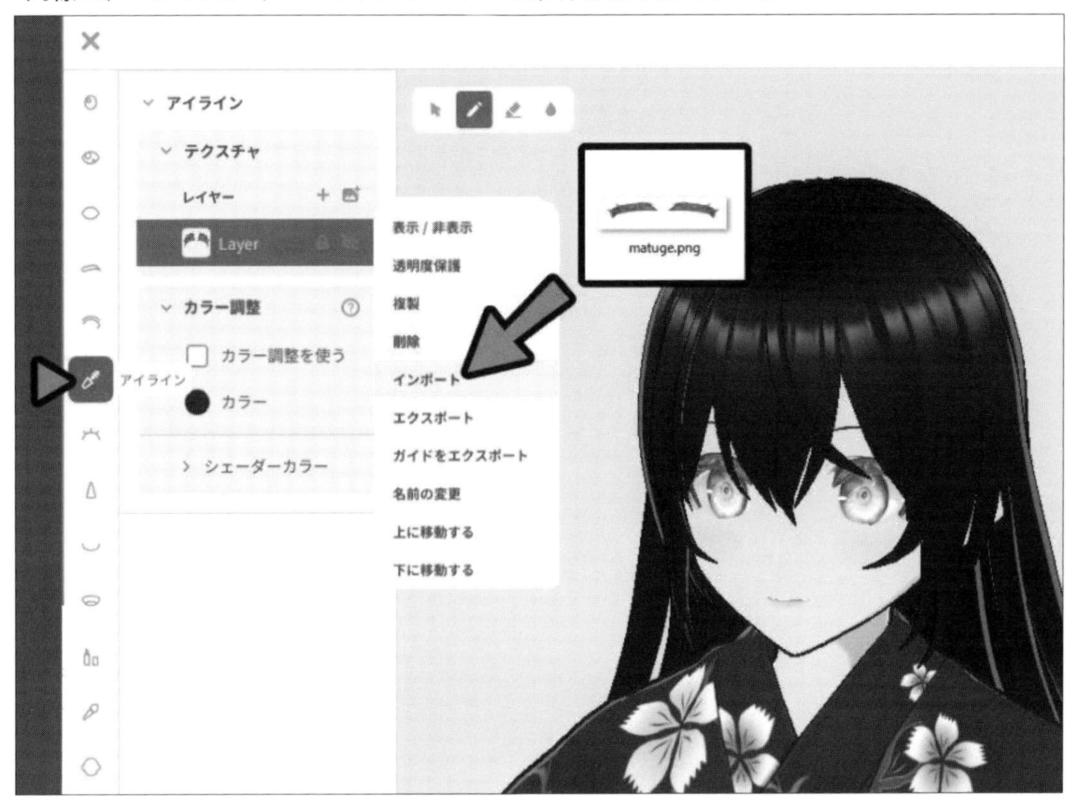


「アイラインの素材」を読み込む

※「matuge.png」は、「まつ毛」に入れると正しく動作しませんでした。
　このあたりの割り当ては、試行錯誤しながら見ていく形になります。

画面左上の「×ボタン」をクリック。

「×ボタン」をクリック

＜新規アイテムとして保存＞を選択。

保存する

これで、一般的なテクスチャの読み込みが完了です。

## ❏「髪の毛」テクスチャの読み込み

こちらのページにアクセス。

製品名：【無料】【ふんわりver】オーバーレイで色変えできるVRoid髪の毛テクスチャ
ショップ名：aki-minori
製作者：aki-minori
https://booth.pm/ja/items/2434765

素材をDL→zipを展開します。

左側で「髪の毛」の素材を選択→右側で＜髪型を編集＞をクリック。

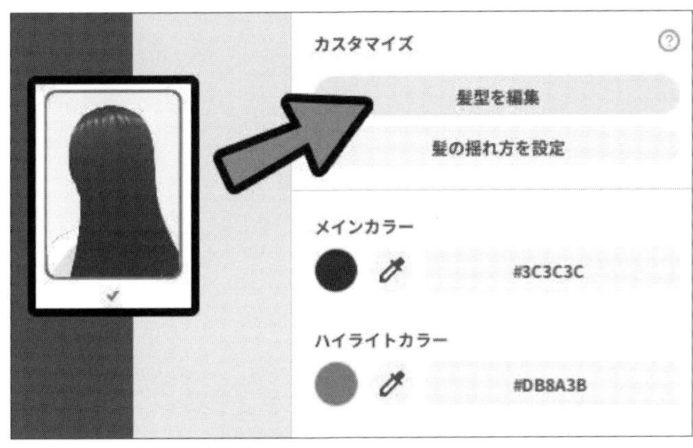


＜髪型を編集＞をクリック

任意の「髪の毛」を１つ選択します。

「髪の毛」を１つ選択

右側の＜マテリアル＞を開きます。

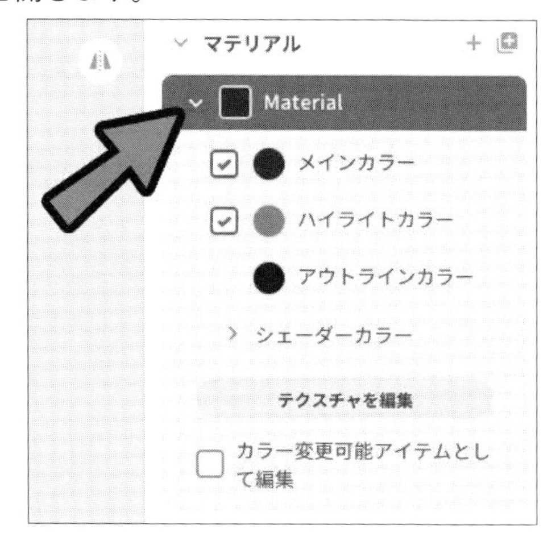


＜マテリアル＞を開く

＜メインカラー＞を操作します。
ここで色が変わる部分すべてにテクスチャの影響が入ります。

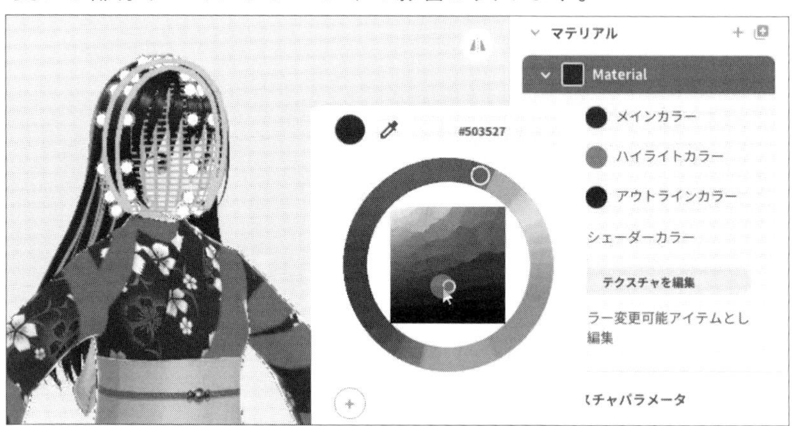


＜メインカラー＞を操作

「影響範囲」を確認したら、＜テクスチャを編集＞を選択。

＜テクスチャを編集＞を選択

「髪の毛」には2つのテクスチャが入っています。

・ベース(下地の色)
・ハイライト(光沢の色)

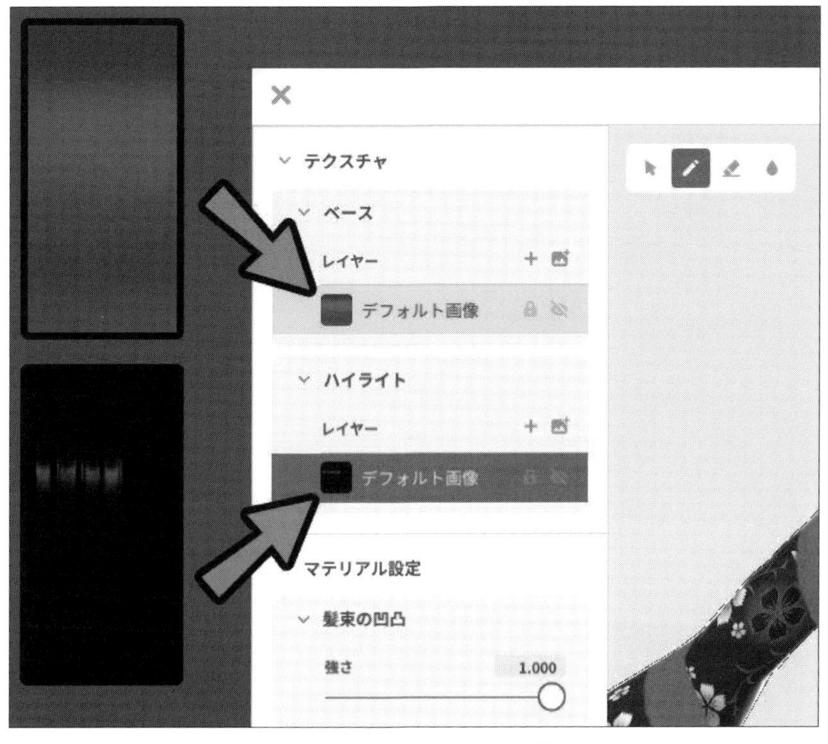


「髪の毛」のテクスチャは2種類

「ベース」のテクスチャを右クリックして、「髪の毛の素材」をインポート。

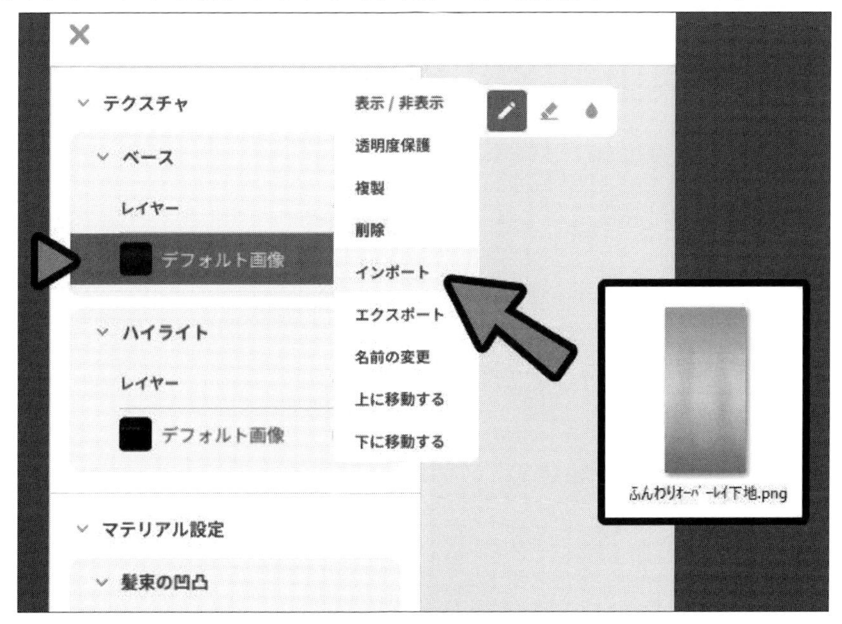


「髪の毛」の素材をインポート

これで、「下地の色」が変わります。

＊

<ハイライト>は、そのままの「茶色い光沢」です。

<ハイライト>は「茶色い光沢」のまま

この「茶色い光沢」は「VRoid感」の原因になるので、下記の方法で対処します。

・光沢のテクスチャ変更（お勧めの方法）
・<ハイライトカラー>で反対色を選び、色味を相殺（簡易）

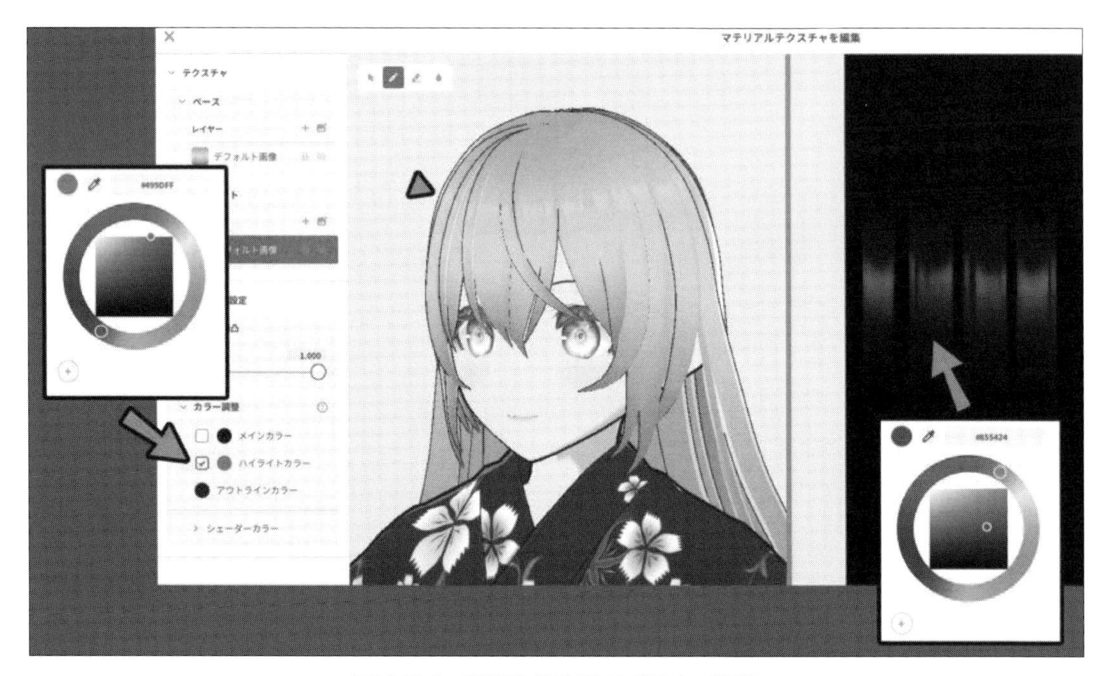


「テクスチャ変更」か「反対色」を設定して調整

調整が終わったら、左上の「×ボタン」で閉じます。

「×ボタン」をクリック

＜新規アイテムとして保存＞を選択。

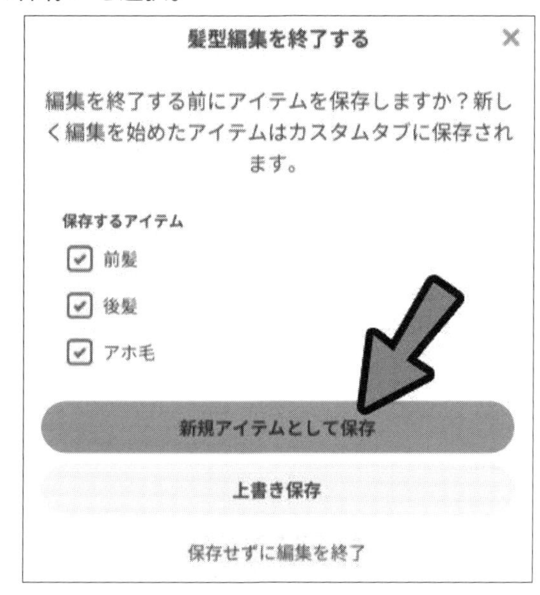


保存する

これで、「髪の毛」テクスチャの読み込みが完了です。

# 5-3 衣装素材の読み込み

「衣装」の読み込みを通して、より細かな素材の入れ方を見ていきます。

＊

下記の3つに分けて紹介します。

・「.Vroidcustomitem」の読み込み
・衣装テクスチャ衣装の読み込み
・「.VRoid形式」の衣装の読み込み

## ❏「.Vroidcustomitem」の読み込み

いちばん簡単な方法です。

＊

どこでもいいので、素材をクリック→<カスタム>を選択。

<インポート>→「.Vroidcustomitem」の素材を読み込み。

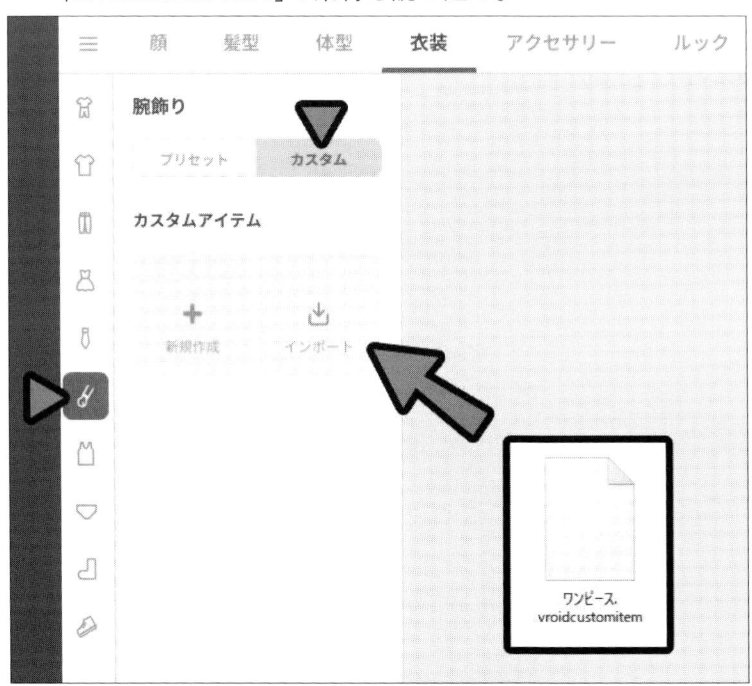


「.Vroidcustomitem」の素材を読み込み

間違った場所でインポートしても、自動で正しい場所に入ります。

自動で正しい場所にインポートされる

＊

以上が「.Vroidcustomitem」の読み込みです。

いちばん簡単な方法なのですが……この方法で配布されている素材は、あまりありません。

見つけられなかったので、具体的な素材の紹介はなしにしました。
おそらく、最近出てまだ普及していない方法なのだと思います。

## ❏「衣装テクスチャ」の読み込み

こちらのページにアクセス。

| 製品名：【無料】フリルリボンウェディングドレス　Vroid用テクスチャセット<br>ショップ名：なべねこのモデル屋さん<br>製作者：鍋乃ねこち<br>https://booth.pm/ja/items/3727140 |
|---|

＊

素材をDL→zipを展開。

中身を確認。

すると、2つの素材と「パラメータ」の画像があります。

- gloves.png：腕飾り→透明の素材
- wedding_race.png：「ワンピース（半袖）」の素材
- wedding_simple.png：「ワンピース（半袖）」の素材のバリエーション

この「腕飾り→透明」と「ワンピース(半袖)」の素材を入れるための入れ物を作ります。

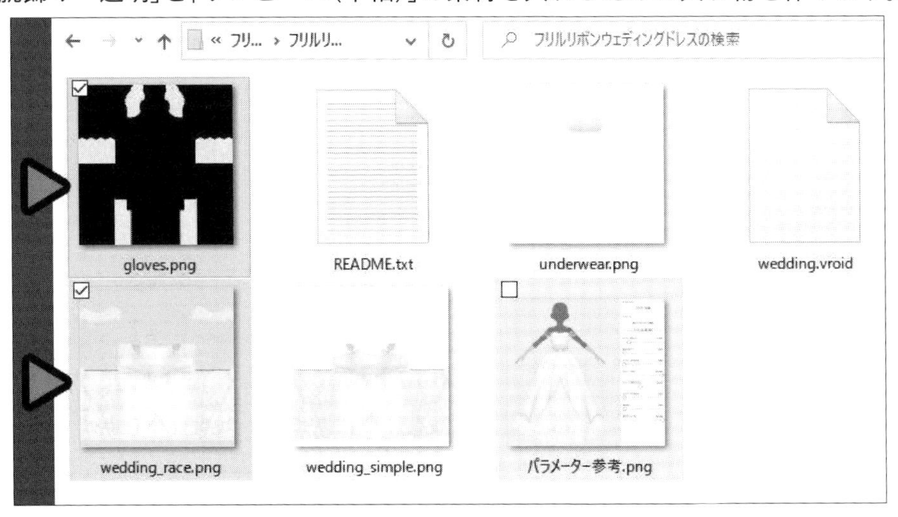


zipファイルの中身(2023年3月時点)

## 手 順 素材を入れるための設定

**[1]** <衣装>→<ワンピース>→<カスタム>を選択して、<新規作成>をクリック。

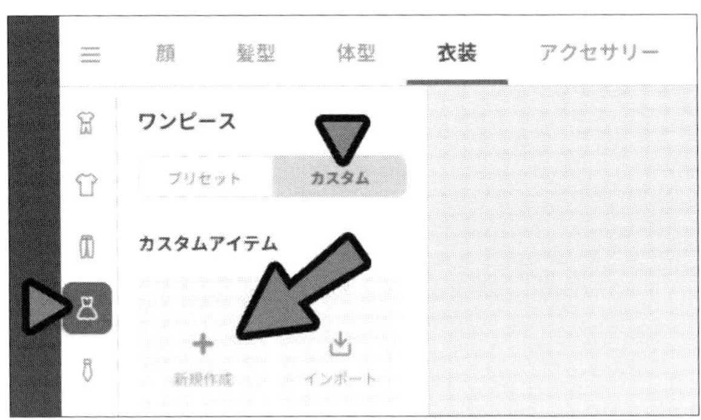


<新規作成>をクリック

**[2]** テンプレートで<ワンピース(半袖)>を選択。

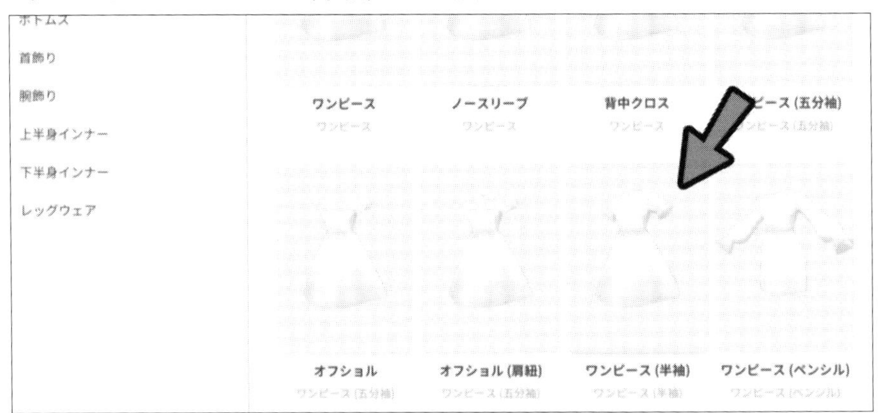


<ワンピース(半袖)>を選択

**[3]** 次に、<腕飾り>→<カスタム>→<新規作成>をクリック。

＜新規作成＞をクリック

**[4]** テンプレート→＜透明＞を選択。

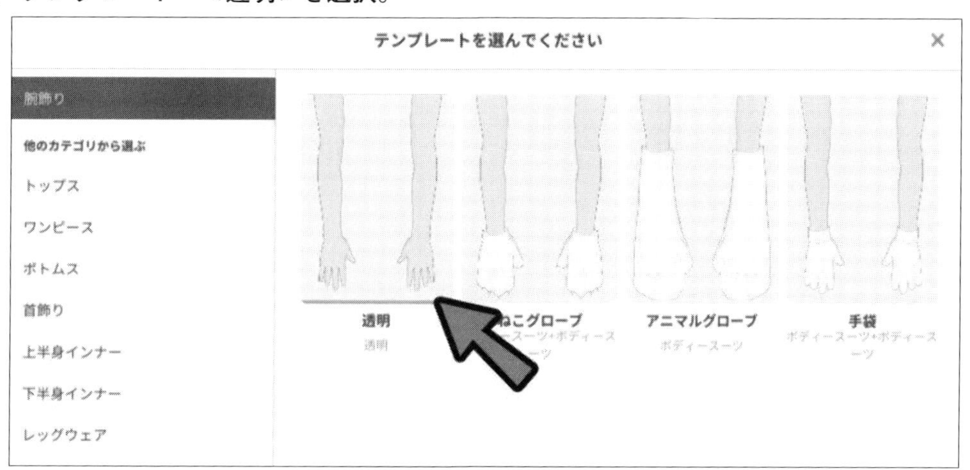


＜透明＞を選択

これで、「素材を入れるための設定」が出来ました。

### 手 順 素材の読み込み

**[1]** 画面右上の<テクスチャを編集>をクリック。

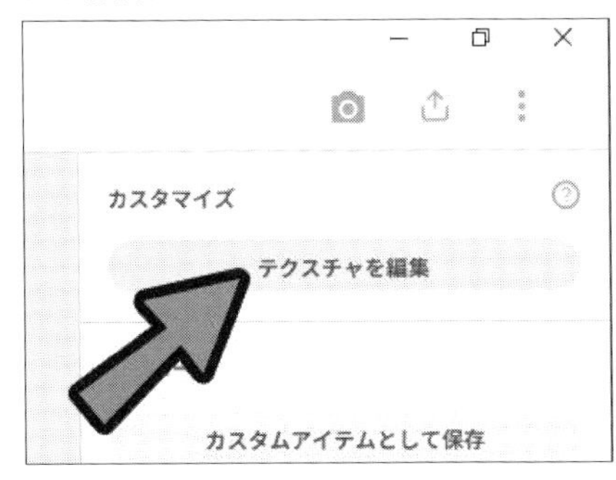


<テクスチャを編集>をクリック

**[2]** 「素材の種類」を確認。
<テクスチャ>を右クリック→<インポート>で読み込み。

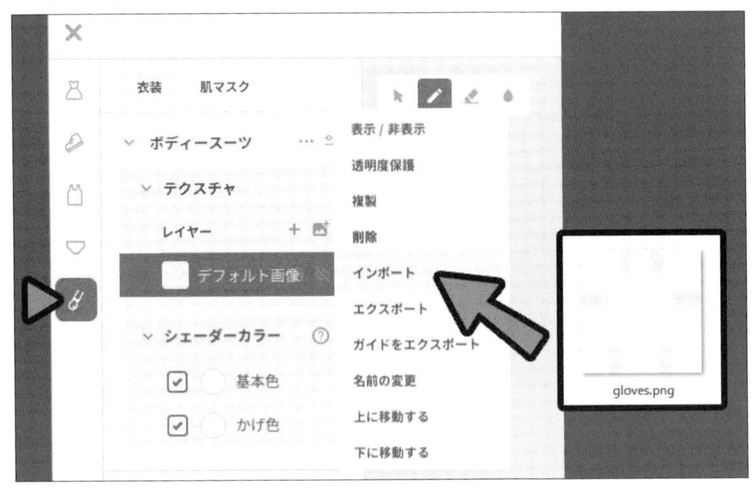


<インポート>で読み込み

**[3]** 「ワンピース(半袖)」も同様に読み込みます。

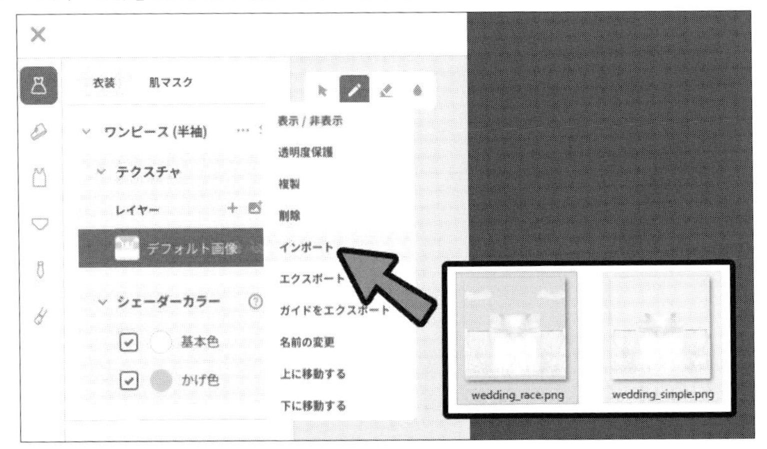


「ワンピース(半袖)」も読み込む

**[4]** 読み込みが終われば、左上の「×ボタン」をクリック。

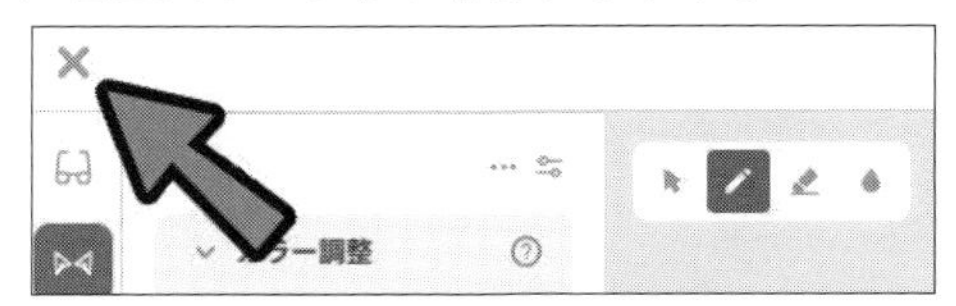


「×ボタン」をクリック

**[5]** ＜新規アイテムとして保存＞を選択。

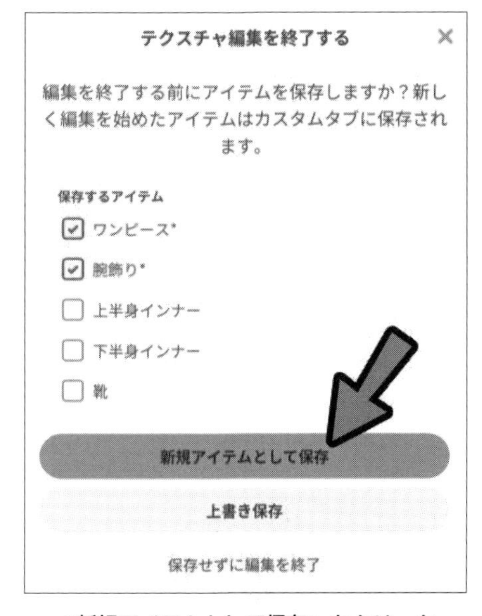


＜新規アイテムとして保存＞をクリック

---

＊

あとは、「パラメーター参考.png」に合わせて「ワンピース（半袖）」の形を調整しましょう。

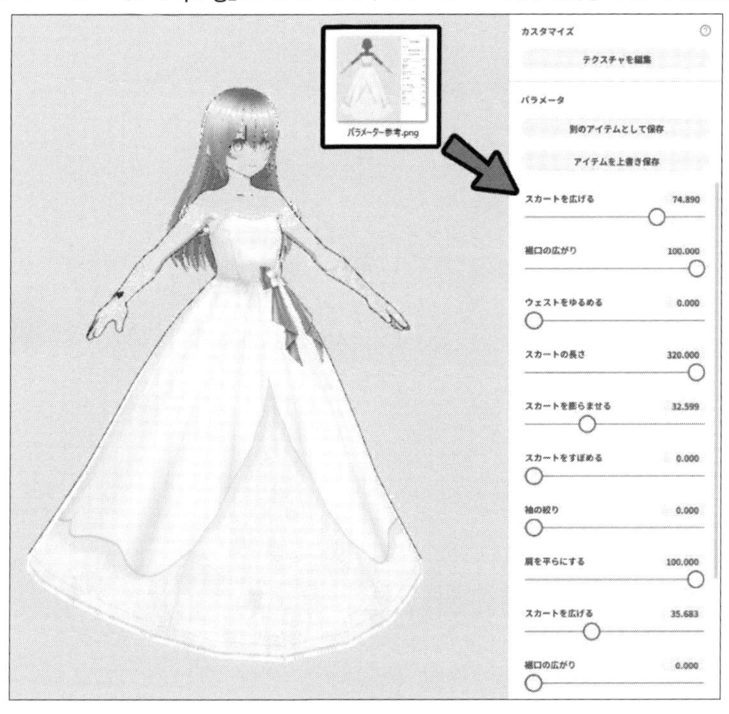


形を調整する

100以上の数字は、数字をクリックして、直接入力すると設定できます。

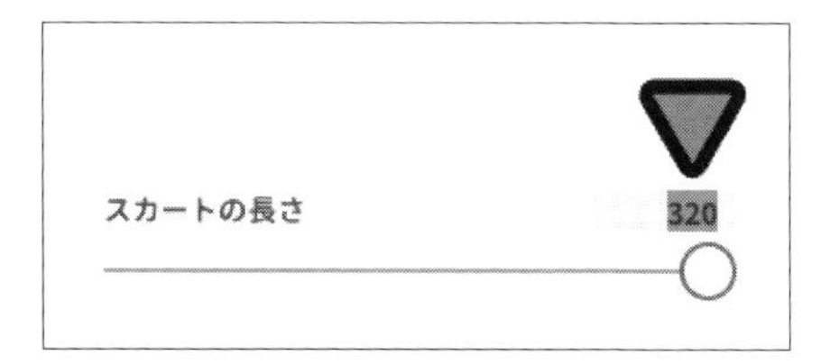


数字をクリックして直接入力

## ●衣装素材の注意点

「衣装」のテンプレートは、最大で5層重ねることができます。

「衣装」テンプレートは、5層まで重ねられる

なので、素材によっては、「多層用の素材」が用意されていることがあります。
このような場合は、必要な数のテンプレートを作り、その都度、画像を読み込んでください。

必要な数のテンプレートを作成し、読み込む

また、先に「全身セット」を用意。
その後、衣装素材を読み込み、「層を重ねて衣装を組み合わせる」こともできます。
たとえば、「ウエディングの元衣装」にはなかった「金リボン素材」は、ここから取りました。

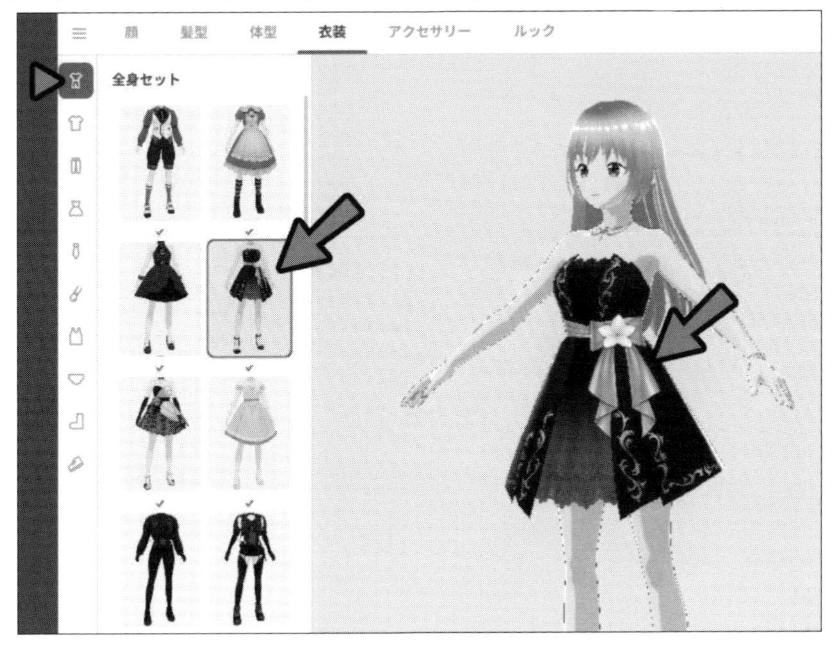


「全身セット」から素材を取る

以上が「衣装テクスチャ」の読み込みです。

## ❏「.VRoid形式」の衣装の読み込み

「.VRoid形式」は1つのまとまった「キャラクター」として配布された形です。

こちらのページにアクセスして素材をDLし、zipを展開。

> 製品名：【VRoido用衣装】ドレス星
> ショップ名：suzz屋
> 製作者：suzzzzzu
> https://booth.pm/ja/items/3714614

ここからは(A)「『.Vroid』から素材を取り出す方法」と(B)「素材を割り当てる方法」―に分けて解説します。

### ●(A)「.Vroid」から素材を取り出す方法

画面左上の3本線を選択し、＜モデル選択に戻る＞をクリック。

＜モデル選択に戻る＞をクリック

右上の＜開く＞を選択。

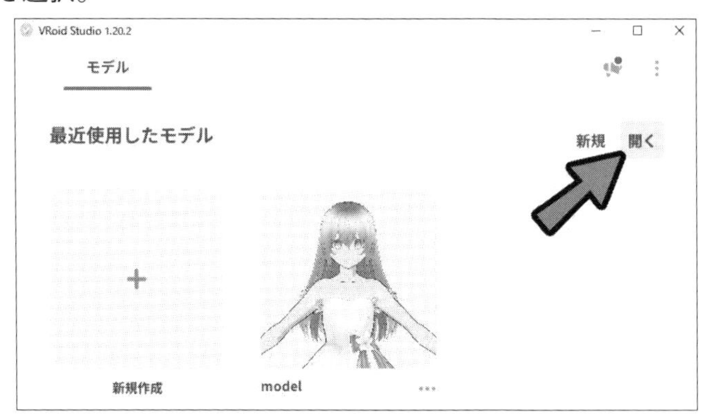


＜開く＞を選択

「.VRoid形式」の素材を開きます。

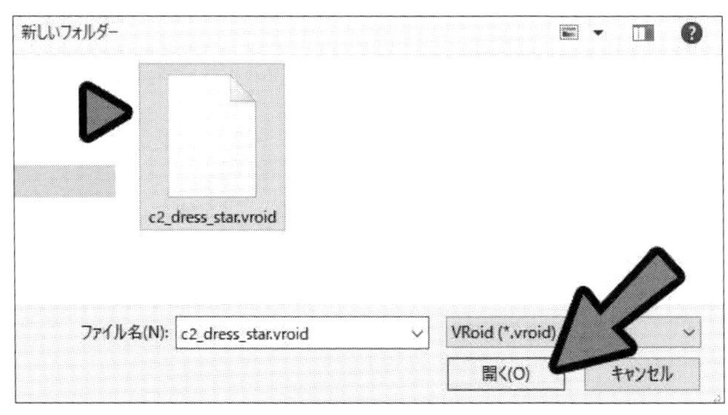


素材を開く

すると、キャラクターとして素材が読み込まれます。
読み込まれた素材は＜未保存アイテム＞として表示されます。

素材は「未保存のアイテム」として表示される

未保存のアイテム素材(読み込んだ素材)をクリックして、＜テクスチャを編集＞を選択。

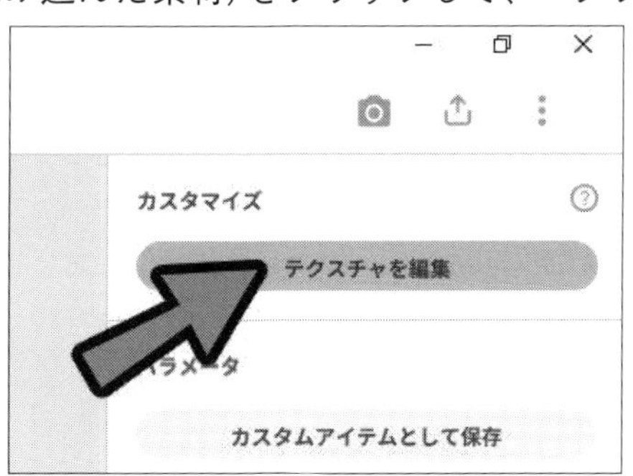


＜テクスチャを編集＞を選択

何もせず、画面左上の「×ボタン」をクリック。

「×ボタン」をクリック

＜新規アイテムとして保存＞をクリック。
すると、「衣装関係の素材」がまとめて保存されます。

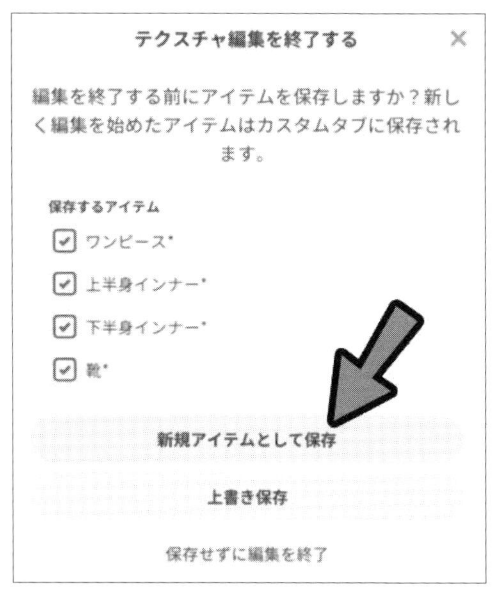


<新規アイテムとして保存>をクリック

※この操作は、たまにバグって保存されないことがあります。
　ダメな場合は、保存されるまで繰り返すか、少し時間をあけてください。

<カスタムアイテム>として保存されました。
「カスタムアイテム」になれば、別のキャラクターでも共有して使えます。

「カスタムアイテム」は別のキャラクターにも使える

「カチューシャ」は<髪型>の<アホ毛>を応用して作られています(2章を参照)。
こちらは、「衣装」と別なので、もう一度保存処理をします。

「カチューシャ」はもう一度、保存処理

「カチューシャ」の素材をクリックして、<髪型を編集>を選択。

<髪型を編集>を選択

何も触らず、画面左上の「×ボタン」で閉じます。

「×ボタン」で閉じる

<新規アイテムとして保存>を選択。

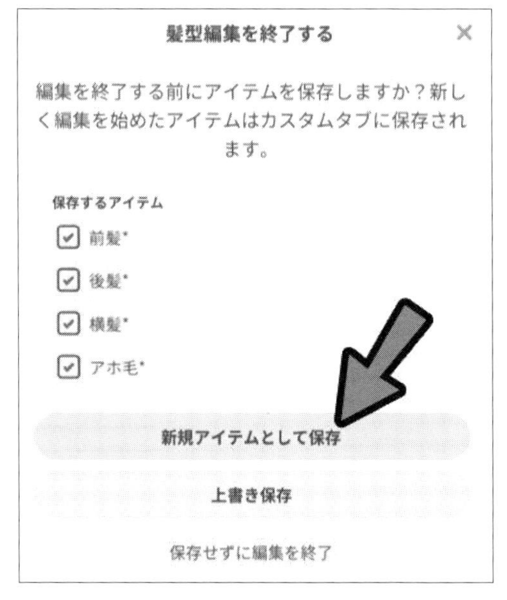


<新規アイテムとして保存>を選択

これで、「カチューシャ」も保存できました。

「カチューシャ」の保存が完了した

＊

他にも、「顔」「体型」「アクセサリ」に要素がある場合は、個別に保存します。

以上で、VRoidから素材を取り出す処理が完了です。

### ●(B)素材を割り当てる

画面左上の３本線を選択。

<モデル選択に戻る>をクリック。

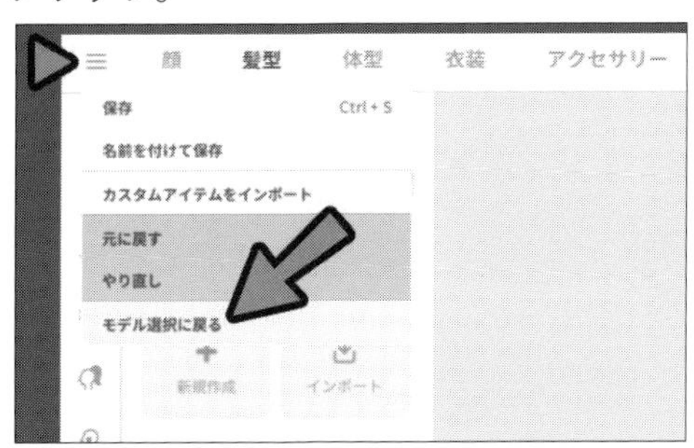


<モデル選択に戻る>をクリック

「元のモデル」を選択。

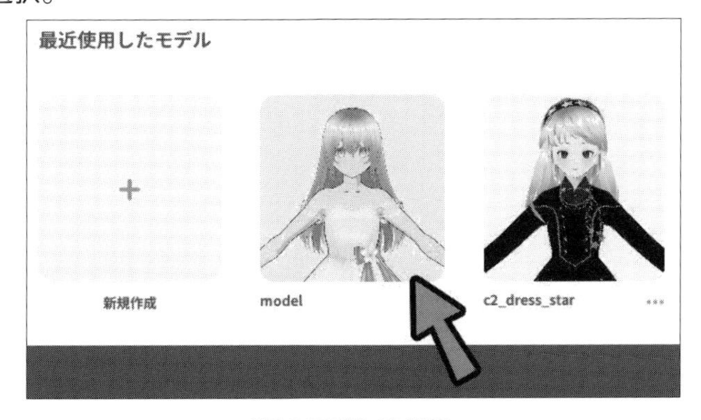


「元のモデル」を選択

<衣装>→先ほど登録した素材→<カスタム>から読み込み。
これで、素材を割り当てることができます。

<カスタム>から読み込み

「髪の毛」を使った「カチューシャ」は、頭の形が違うので浮きます。

頭の形が違うので、浮いてしまう

これは、<髪型を編集>で対処します。

<髪型を編集>を選択

「カチューシャ」になっている「髪の毛」を選択。
＜移動＞を使い、大まかな位置を調整。

「髪の毛」を選択し、＜移動＞で大まかな位置を調整

<Alice band>を選択。
＜頂点編集モード＞で、人力で頑張って形を調整。

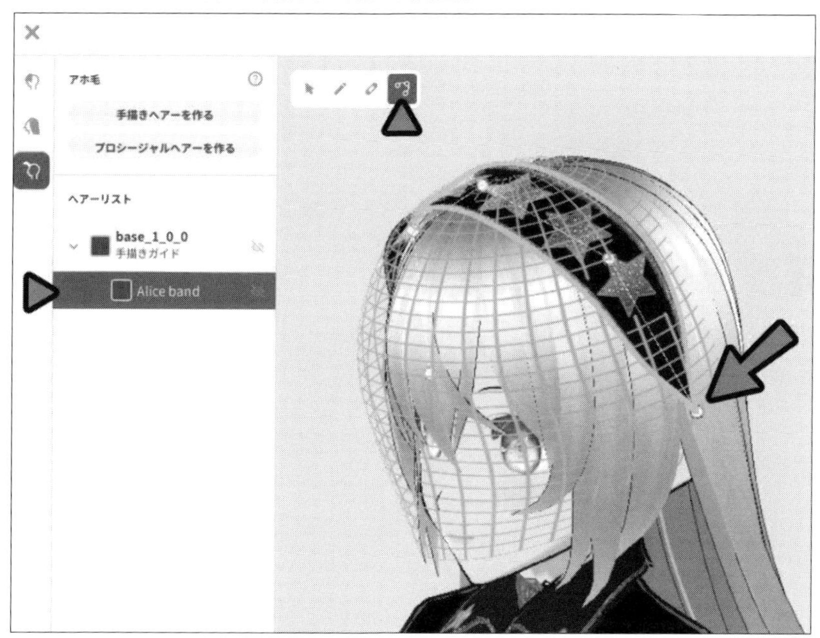


＜頂点編集モード＞で形を調整

調整が終わったら、画面左上の「×ボタン」で閉じます。

「×ボタン」で閉じる

＜上書き保存＞を選択。

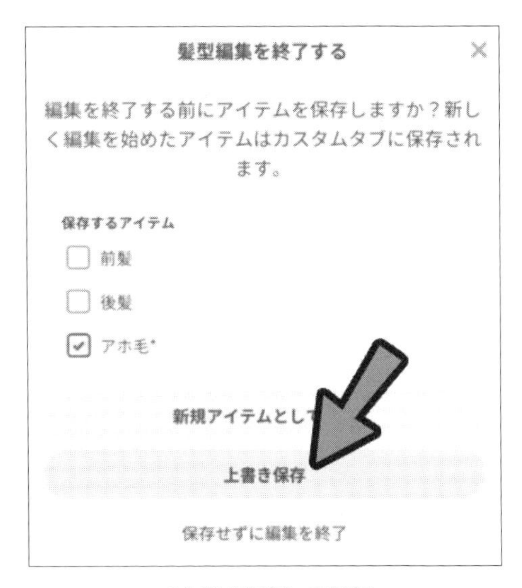


＜上書き保存＞を選択

あとは、突き抜けなどを＜膨らませる＞を使って調整。

＜膨らませる＞で調整

＊

これで、「VRoid形式」の衣装の読み込みが完了です。

「VRoid形式」の衣装を読み込めた

# 5-4 <アクセサリー>について

<アクセサリー>機能は、現状、「メガネ」か「ケモ耳」のための機能と考えてください。

「メガネ」か「ケモ耳」しか設定できない

たとえば、こちらの「イヤリング」は普通に考えれば「アクセサリ」ですが……。

製品名：【無料版】VRoidStudio用耳飾りヘアプリセット7種類（ぴケの創作屋さん）
ショップ名：ぴケの創作屋さん
製作者：ぴケ
https://booth.pm/ja/items/3274556

なんと、「髪の毛」で作られています。

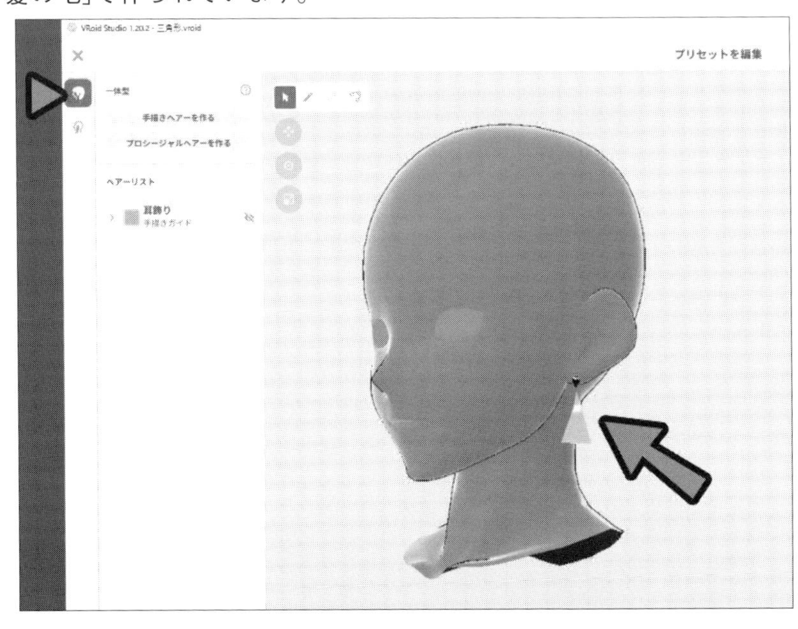


「イヤリング」は「髪の毛」を応用して作られている

　他にも、先ほどの「カチューシャ」など、私たちが思い描くような「アクセサリ」は「髪の毛」で作るのが主流のようです。

　正直に言って、<アクセサリー>機能は、そんなに使うことがありません。

なので、"アクセサリ"という概念に惑わされず、素材の作りをよく見てください。

<アクセサリー>は「メガネ」か「ケモ耳」を付けるための機能

＊

　以上が、素材を読み込み、設定する方法です。

### 使用素材の「クレジット表記」

・VRoidstudio（正式版対応）瞳15色＋白目＋まつ毛のテクスチャー
by ユキノア（商用利用可 / クレジット表記任意）

・【無料】【ふんわりver】オーバーレイで色変えできるVRoid髪の毛テクスチャ
by aki-minor（商用利用可 / クレジット表記任意）

・【無料】フリルリボンウェディングドレス　VRoid用テクスチャセット
by 鍋乃ねこち（商用利用可 / クレジット表記任意）

・【VRoido用衣装】ドレス星
by suzz屋（商用利用可 / クレジット表記不要《VRoid Hubの表記で確認》）

・【無料版】VRoidStudio用耳飾りへアプリセット7種類（ぴケの創作屋さん）
by ぴケの創作屋さん（商用利用可 / クレジット表記、原則必要《無表記は要相談》）

## 5-5 本章のポイント

本章では、素材を読み込み、設定する方法を紹介しました。

＊

以下、本章のポイントです。

- 素材は「Booth」で採取できる
- 読み込みの基本は＜テクスチャの編集＞→＜テクスチャのインポート＞
- 衣装のテクスチャは多層構造になっていることがあるので注意
- 「.VRoidcustomitem形式」は＜カスタム＞→＜インポート＞で読み込める
- 「.VRoid形式」は一度、別アバターとして読み込み→そこから素材を取り出す
- 「アクセサリ機能」はあまり使われず、「髪の毛」の改造が主流

# 第6章 「キャラ」を動かし、「画像」で書き出す

VRoidの「キャラ」を動かして、「画像」で書き出す方法を紹介します。
VRoidの「基本操作」や「改変」ができることを前提に進めます。

## 6-1 画像を書き出す

画面右上の3つの点をクリック。
<設定>を選択。

<設定>を選択

<3D プレビュー品質>を<高画質>に設定。

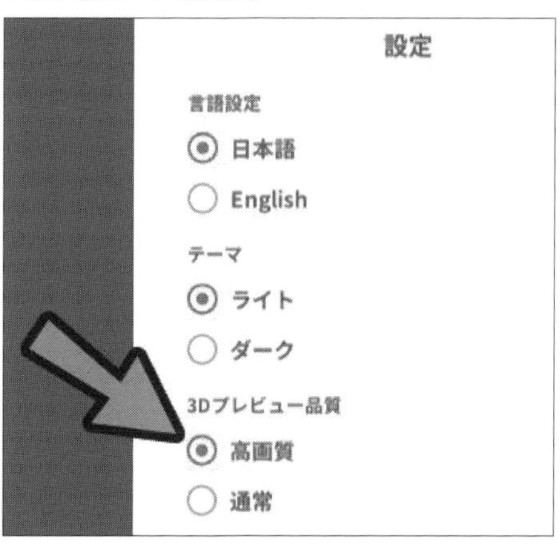


<高画質>に設定

画面右上の「カメラボタン」をクリック。

「カメラボタン」をクリック

すると、「3Dビュー」で「まばたき」をします。

3Dビュー

右下の「カメラマーク」をクリック。

「カメラマーク」をクリック

これで、画像を書き出せます。

## 6-2 「顔」を制御する

画面左上を確認。

「顔」は＜表情＞で設定できます。

＜表情＞を選択

画面上部で「目」の操作。
ここで、「まばたき」をオフにできます。

それ以降は、すべて「表情」の操作です。

「目」と「表情」の操作

「目線」は、<カメラを見る>のチェックを解除したあと、○を操作すると制御できます。

「○の動き」に連動して目線が動く

「表情」はパラメータを操作すると変わります。

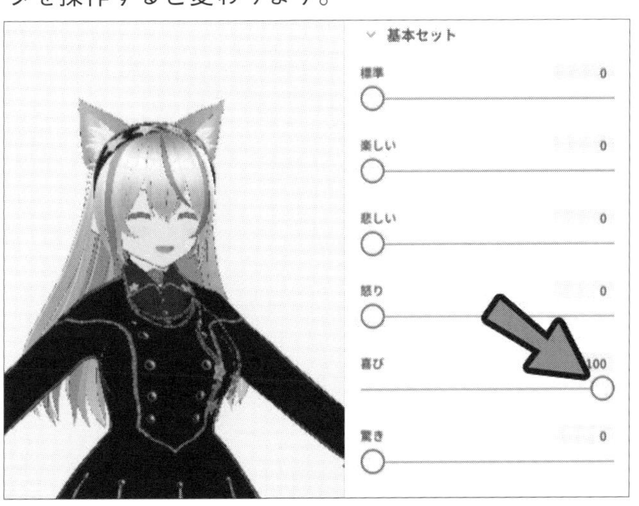


<喜び>を「100」にすると、このような表情になる

以上が、「顔」の制御です。

# 6-3 ポーズを取らせる

画面左上の<ポーズ＆アニメーション>をクリック。

<ポーズ＆アニメーション>をクリック

ここで、「アニメーション」を再生できます。

右の一覧から「アニメーション」を選択できる

下のほうにゲーム向きの「アニメーション」があります。

ゲームに使う方は、こちらで動作を確認しましょう（このアニメーション素材は取得できないようです）。

＜散歩＞はゲーム向きの「アニメーション」

また、3Dビュー右下の「停止ボタン」で一時停止できます。

これは、撮影の際に便利です。

「停止ボタン」で一時停止

＊

＜ポーズ＆アニメーション＞で＜ポーズ＞に切り替え。

すると、手動でポーズを組めます。

＜プリセットポーズ＞を使うと、用意されたポーズを割り当て可能です。

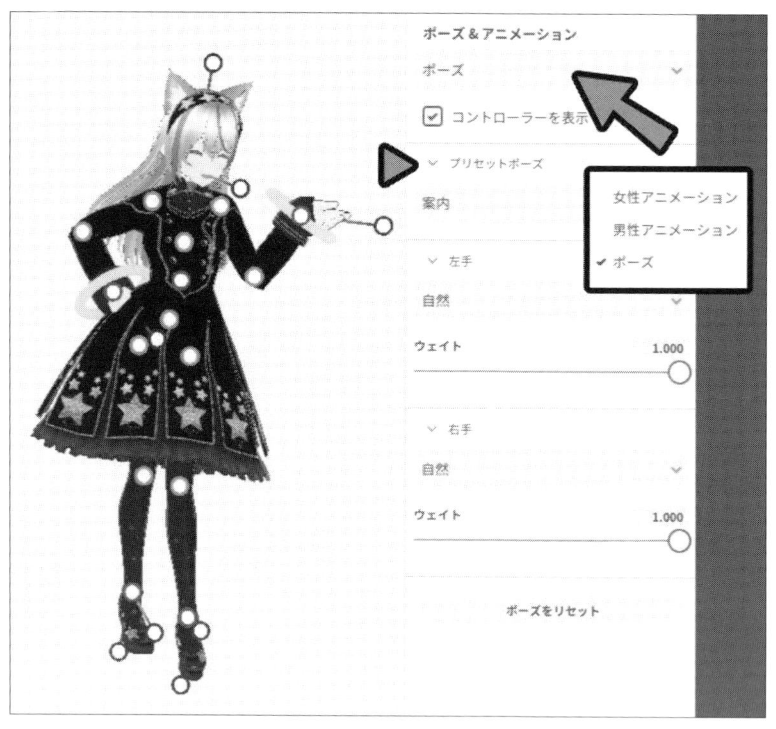


＜ポーズ＞に切り替えると、さまざまなポーズを取らせることができる

以上が、ポーズを取らせる方法です。

## 6-4 「背景」を透過する

画面左上の＜背景＞をクリック。

＜背景＞をクリック

＜不透明度＞を0にすると、「背景」を透過できます。

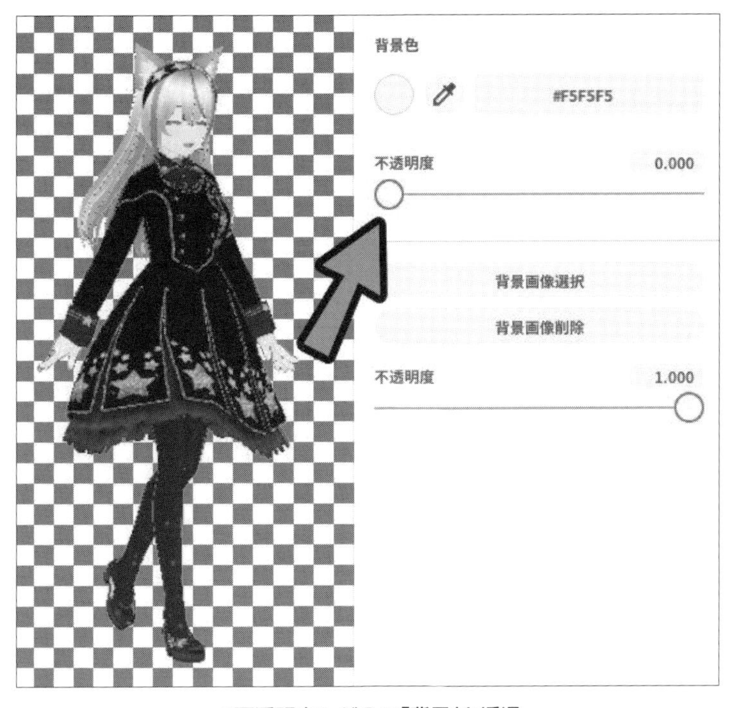


<不透明度>が0で「背景」を透過

撮影して書き出すと、次図のようになります。

「背景」に何も映っていない画像になる

＊

以上が、「背景」の透過処理です。

## 6-5 「背景」に画像を入れる

画面左上の＜背景＞をクリック。

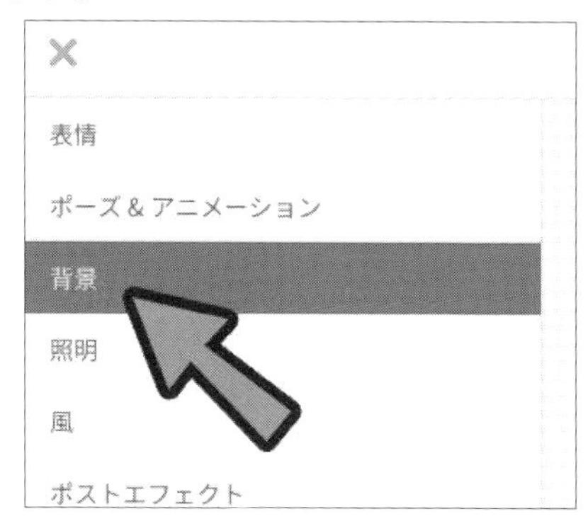


＜背景＞をクリック

＜背景画像選択＞で、画像をクリック。

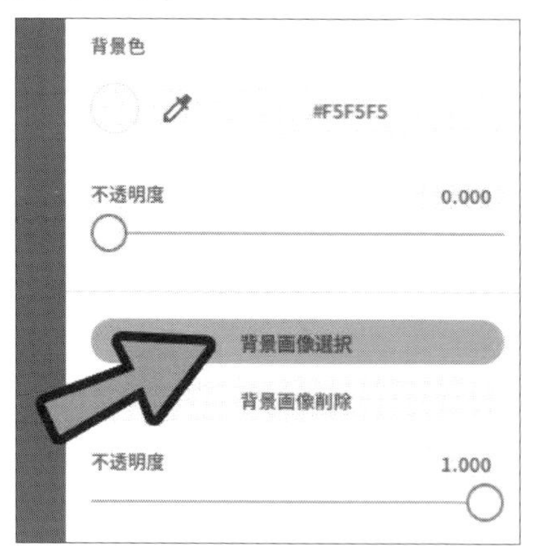


画像をクリック

ここで、画像を入れることができます。

画像を入れる

消す場合は、＜背景画像削除＞で消します。

画像は<背景画像削除>で消せる

以上が、「背景」の処理です。

## 6-6 その他の見た目調整

画面左上の<照明>で「光」を調整できます。

「青い光」にすると、「夜っぽい見た目」になります。

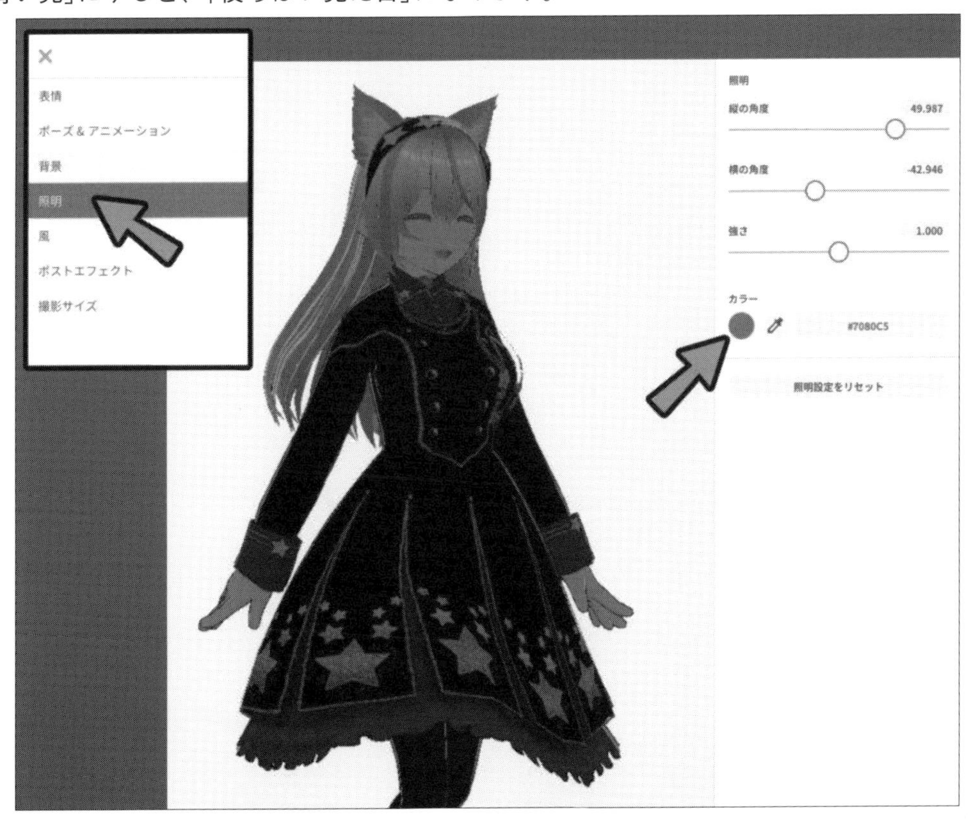


<照明>で「光」を調整できる

＊

＜風＞で「髪の毛」を動かせます。

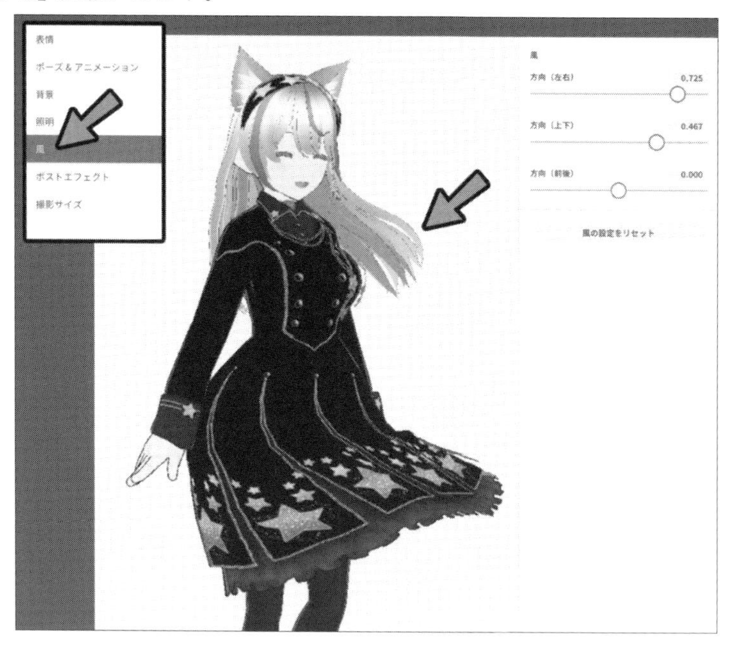


＜風＞で「髪の毛」を動かせる

この状態で「アニメーション」を再生すると、「アニメ＋風」の動きになります。

アニメ＋風の動き

＜ポストエフェクト＞は見た目で遊べます。
正直に言って、この機能はあまり使いどころがありません。

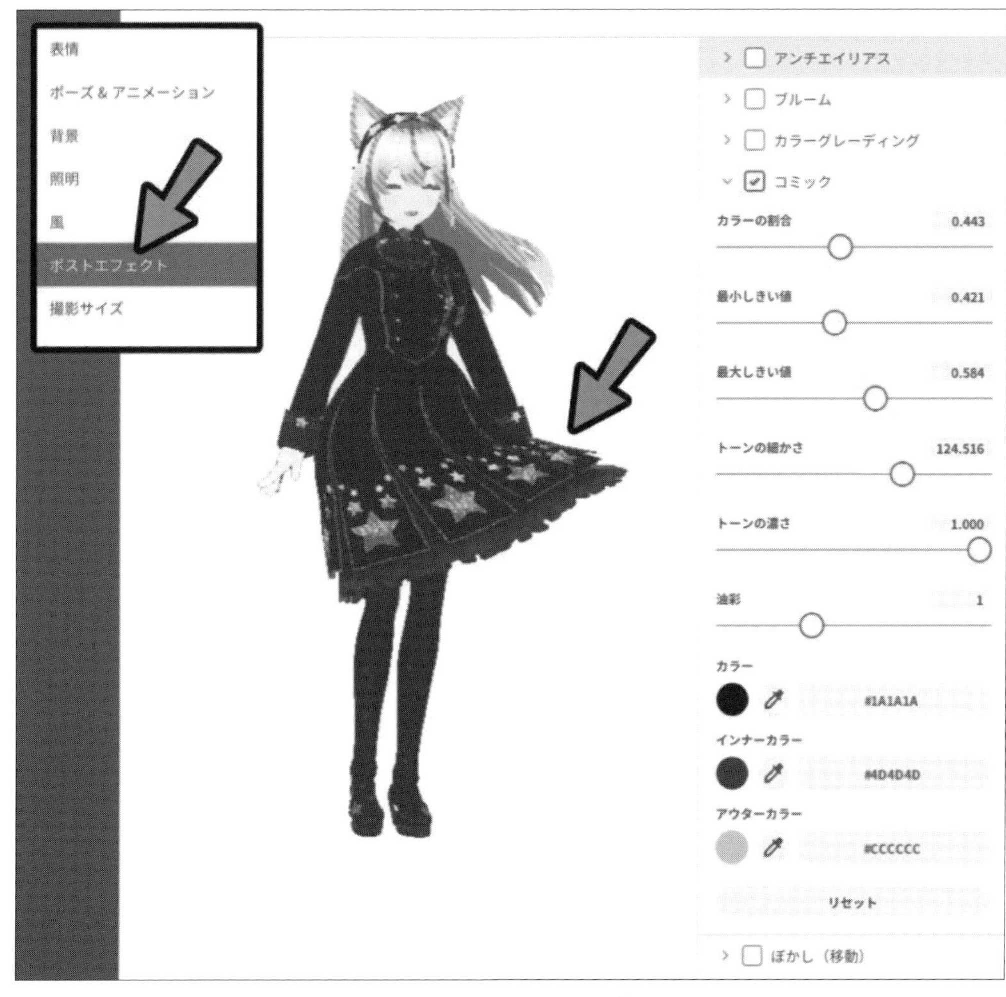


＜ポストエフェクト＞はあまり使わない

## 6-7 画像の「書き出しサイズ」を変える

画面左上の<撮影サイズ>をクリック。
ここで画像の大きさを変えることができます。

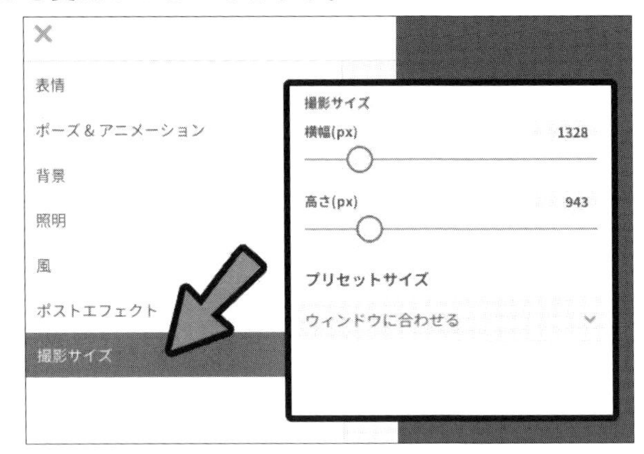


<撮影サイズ>で画像の大きさを変更できる

「パラメータ」を操作。
すると、映らない範囲が「市松模様」で表示されます。

「市松模様」の部分は、書き出す画像の中にに含まれない

この状態で書き出すと、次図のようになります。

書き出した画像

以上がVRoidの撮影方法です。

ポーズや風を組み合わせると、このような躍動感のある画像も撮影できる

## 6-8 本章のポイント

本章では、VRoidでキャラを動かし、画像で書き出す方法を紹介しました。

＊

以下が本章でのポイントです。

- 画面右上の「撮影ボタン」で「撮影モード」に入れる
- 「撮影モード」では、「表情」「ポーズ」「背景」「環境光」「風」「書き出しサイズ」などが調整可能
- <背景>→<不透明度>を0にすると、透過pngを書き出せる
- 書き出しは3Dビュー右下の「カメラマーク」で行なう

# 第7章
# 制作したキャラを「VRM」で書き出す

VRoidで作ったキャラクターを「VRM形式」で書き出す方法を解説します。

## 7-1 VRM書き出し

このような、「書き出し用のキャラ」があることを前提に進めます。

「書き出し用のキャラ」が必要

画面右上の「書き出しボタン」を選択。

「書き出しボタン」を選択

<VRM エクスポート>を選択。

<VRMエクスポート>を選択

右上の「エクスポート設定」を調節していきます。

どんな設定でもいいですが、ここでは「Unity」のゲームや「VRChat」を想定した、私の“お勧め設定”を紹介します。

「エクスポート設定」を調節する

＊

＜ポリゴンの削減＞を開きます。

・＜髪の断面形状を変更する＞のチェックを解除
・＜透明メッシュを削除する＞にチェック

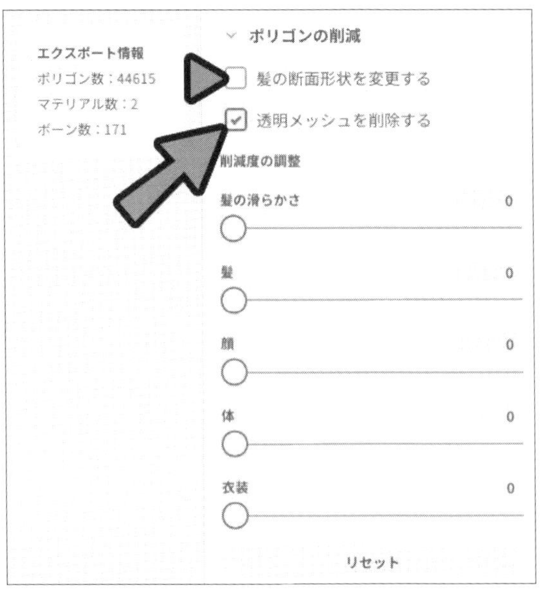


＜ポリゴンの削減＞の設定

## ❏画像のアトラス化

＜マテリアル数＞を「2」まで削減。
すると、テクスチャが「アトラス化」されます。

テクスチャを「アトラス化」する

「アトラス化」とは、**複数のテクスチャが1枚のシートに集まる処理**のことです。
(VRoidでは「顔や体」と「それ以外」で分かれるようです)

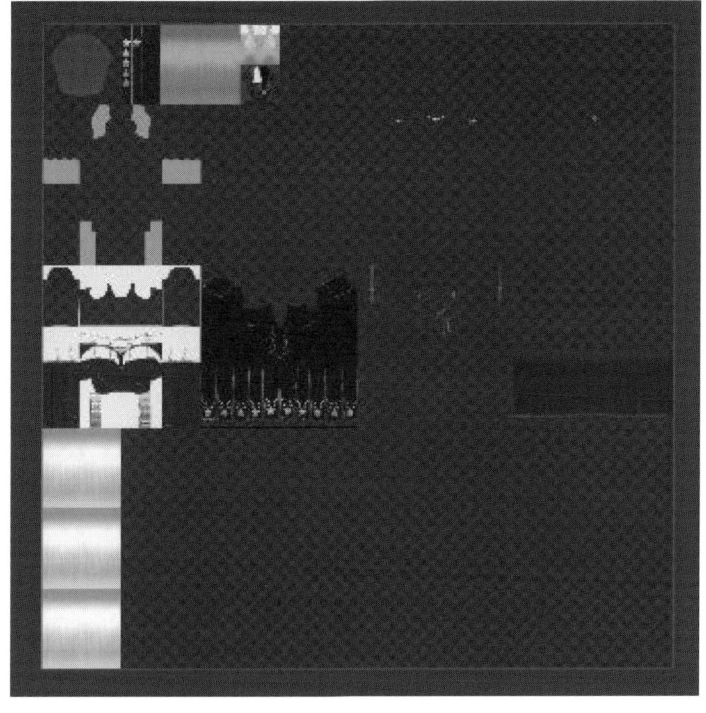

テクスチャが1枚のシートに集約されている

これで、「画像のアトラス化」は完了です。

＊

なお、高品質を求める場合は、「マテリアル」を減らさないでください。

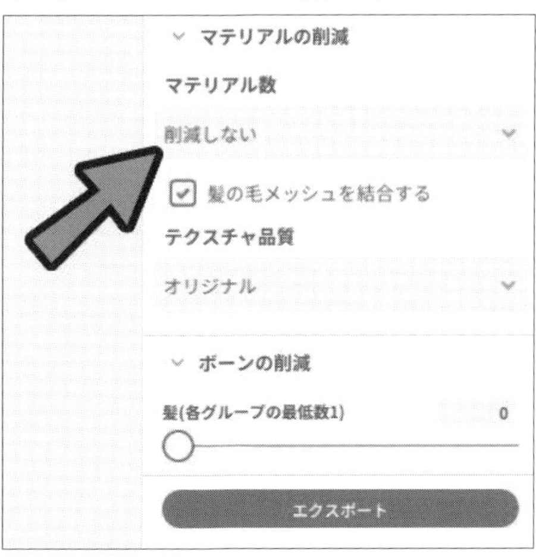


<マテリアル数>を「削減しない」に設定

## ❏VRM書き出し

＜ボーンの削減＞は、そのままにします。
その下にある＜エクスポート＞を選択。

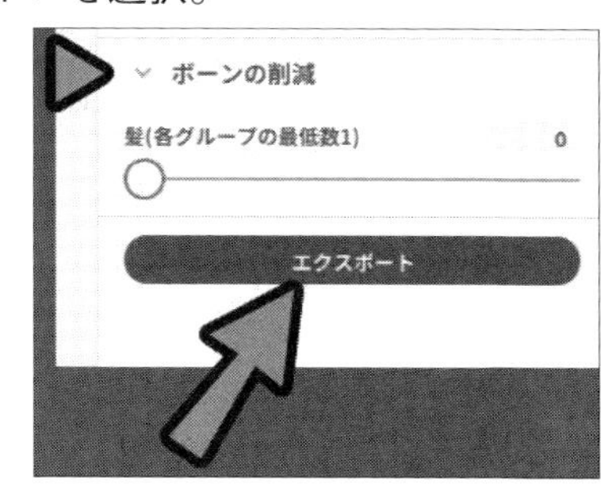


＜ボーンの削減＞は変更せずに＜エクスポート＞

ここでは、<VRM0.0>に設定します(現状、「1.0」では動かないソフトがあるので)。

＜タイトル＞や＜作者＞を入力。

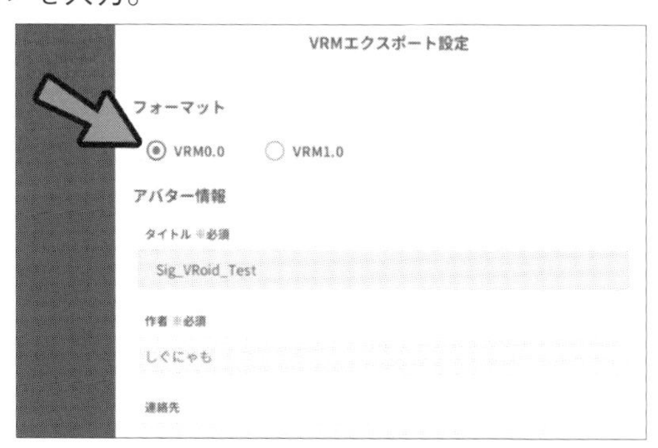


<VRM0.0>に設定して＜タイトル＞や＜作者＞を入力

いちばん下までスクロールし、＜エクスポート＞をクリックして書き出し。

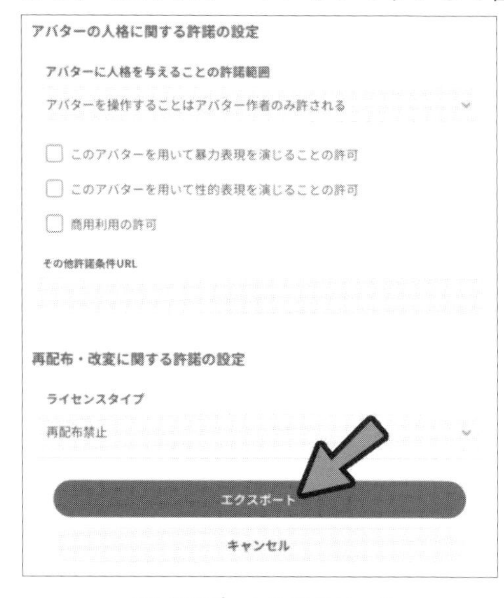


＜エクスポート＞をクリック

Vroid画面の左上の「×ボタン」をクリックします。

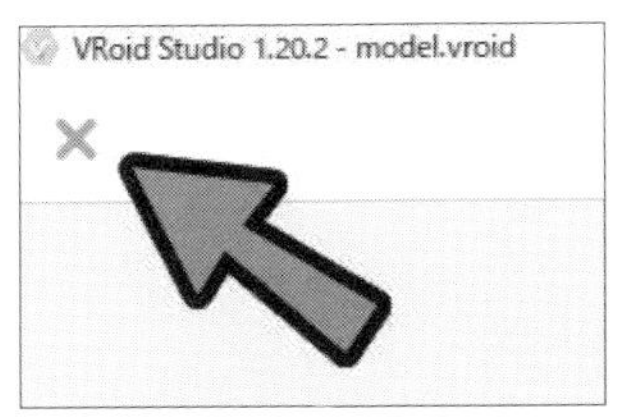


「×ボタン」をクリック

これで、「VRMの書き出し」が完了です。

## 7-2 「VRMを使う事例」の紹介

ここでは、「VRMの活用事例」を紹介します。

### ❏「Blender」に読み込んで作り込む

こちらの方法で、「Blender」にVRMを読み込めます。

【Blender3.5】VRMファイルを読み込み/書き出す方法
https://signyamo.blog/blender_vrm/

読み込むと、このようになります。

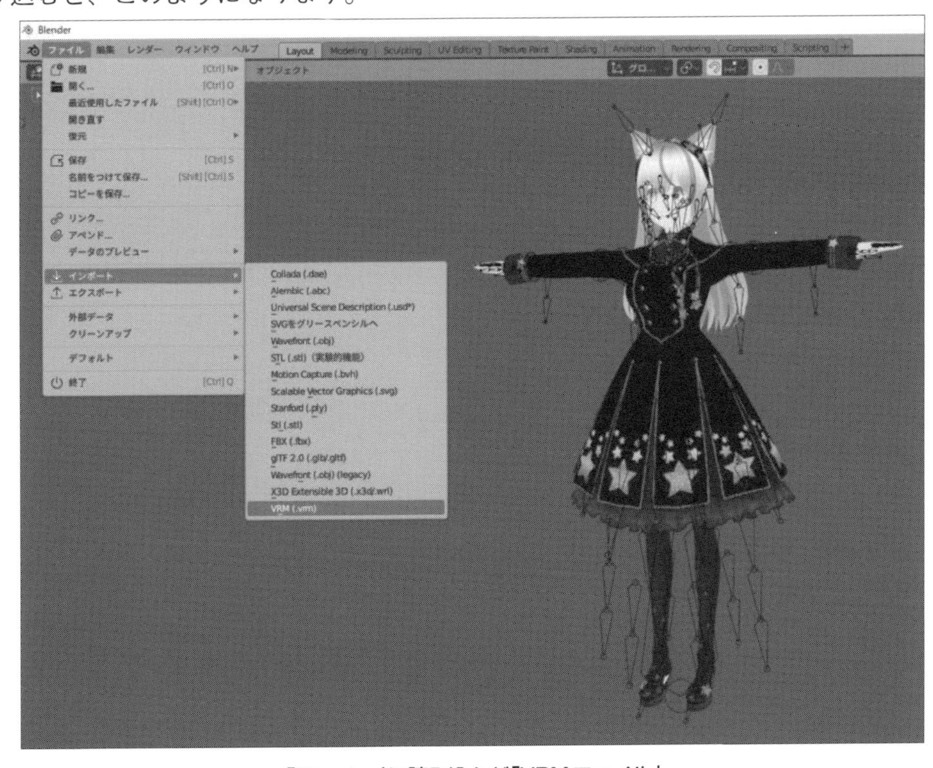


「Blender」に読み込んだ「VRMファイル」

<Texture Paint>をクリック。
すると、テクスチャを確認できます。

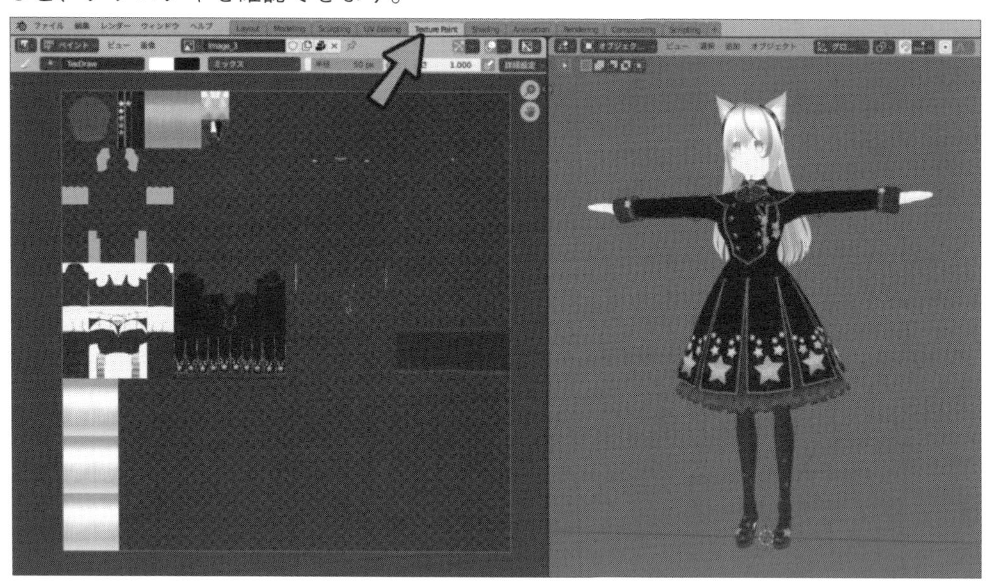

<Texture Paint>をクリック

データの整理方法は、こちらで確認できます。

| 【Blender3.3】不要なデータを削除し整理する方法<br>https://signyamo.blog/data_clean/ |
|---|

「マテリアル」は2つになりましたが、「テクスチャの画像」は大量にあるようです。

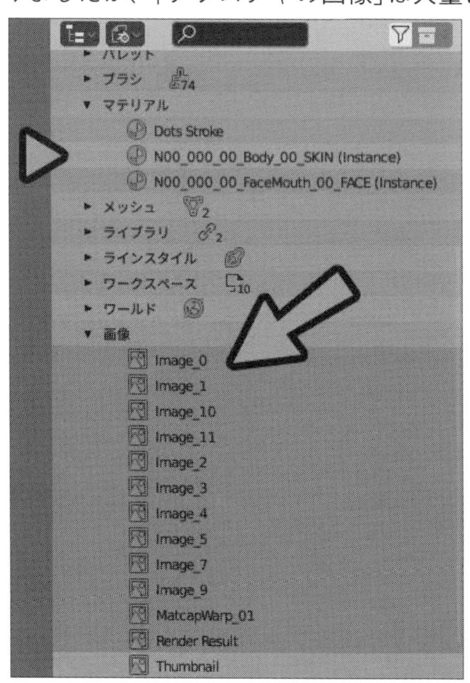


大量のテクスチャ画像

また、謎の「ボーン」が発生していたりします。

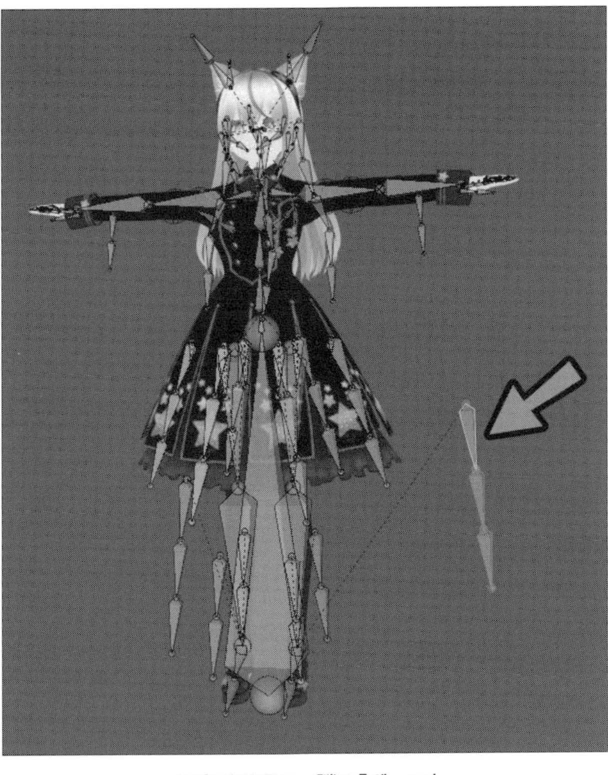

用途が不明な、謎の「ボーン」

「透明メッシュ」は、このようになっています。

透明メッシュ

「服の内側」は消えているようです。

服の内側

以上が、VRoidで書き出した「VRMデータ」です。
これを元に、より作り込みたい方は、「Blender」で作り込んでみてください。

## ❏「Vtuberソフト」で使う

3Dの「Vtuberソフト」は、「VRM形式」を使うものがほとんどです。

こちらの方法を見ると、「VRM」を読み込めます。

【3DVtuber】VSeeFaceの使い方【OBS/ZOOM/配信】
https://signyamo.blog/vseeface/

【配信/実況】3DCGのVtuberおすすめソフト比較【VRM】
https://signyamo.blog/vtuber_soft/

これを使えば、「Zoom」などで「アバター」を使って会議に出席できます。

「アバター」で「Zoom」などの会議に出席

以上が、「Vtuberソフト」で使う事例です。

＊

他にもスマホの「実写合成アプリ」や「VRChat」でも使えます。
詳細は以下をご覧ください。

【VRM】VRChatアバターの実写合成【無料・スマホアプリ】
https://signyamo.blog/vrc_avator_ar/

【3DCG】VRMファイルをVRChatにアップロードする方法【VRoid/自作アバター】
https://signyamo.blog/vrm_vrchat/

## 7-3 本章のポイント

本章では、VRoidの「VRM書き出し」の方法を紹介しました。

＊

以下、本章のポイントです。

・右上の「書き出しボタン」で書き出せる
・<透明メッシュを削除する>にチェックすると、透明なテクスチャがあるところを消せる
・マテリアルを削減すると、テクスチャを「アトラス化」できる
・書き出したVRMは「Blender」などで追加編集できる
・他にも、「Vtuberソフト」「実写合成アプリ」「VRChat」などで活用可能

# 索　引

## 数字記号順



## アルファベット順

《B》



《S》



《U》



《V》



《Z》



## 五十音順

《あ》



《か》

《著者略歴》

しぐにゃも


クリエイター、VRChatユーザー。
3DCG、執筆、音楽製作など幅広く活動中。

VRChat向けの3Dモデルの販売、ブログなどで情報発信を行なう。
ブログ「しぐにゃもブログ」が主な活動場所。



本書の内容に関するご質問は、
①返信用の切手を同封した手紙
②往復はがき
③FAX (03) 5269-6031
(返信先のFAX番号を明記してください)
④E-mail editors@kohgakusha.co.jp
のいずれかで、工学社編集部あてにお願いします。
なお、電話によるお問い合わせはご遠慮ください。

サポートページは下記にあります。

[工学社サイト]
http://www.kohgakusha.co.jp/


I/O BOOKS

# 「VRoid Studio」ではじめる　カンタン!3Dアバター制作

―「VRChat」でも使える「3Dアバター」を自分で作ろう―


2023年 6 月30日　初版発行　ⓒ2023

編　集　しぐにゃも
発行人　星　正明
発行所　株式会社工学社
〒160-0004 東京都新宿区四谷4-28-20 2F
電話　(03)5269-2041(代)[営業]
　　　(03)5269-6041(代)[編集]
振替口座　00150-6-22510

※定価はカバーに表示してあります。

印刷:シナノ印刷(株)

ISBN978-4-7775-2257-6